실은 나도
과학이 알고 싶었어 2

ASK A SCIENCE TEACHER

Ask a Science Teacher

실은 나도 과학이 알고 싶었어 2

사소하지만 절대적인 기초과학 상식 124

화학, 물리, 생물, 기술과학

래리 셰켈 지음 | **신용우** 옮김

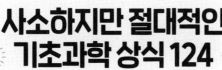

애플북스

조언과 지속적인 독려,

즐거움과 영감을 준 제 아내 앤에게 이 책을 바칩니다.

그리고 오늘의 제가 있게 해 주신

돌아가신 부모님 앨빈과 마사 셰켈에게 바칩니다.

서론

왜 과학을 공부해야 할까? 학생들뿐만이 아니라 심지어 어른들도 하는 질문이다. 과학의 핵심을 찌르는 아주 좋은 질문이다.

과학은 사물이 어떻게 작동하고 어떤 방식으로 존재하는지에 관한 근본적인 질문에 답하는 도구다. 과학은 당신 주변의 세상이 어떻게 돌아가고, 왜 그렇게 되었는지 배우는 데 진정한 가치가 있다. 과학의 원칙을 기본적으로 이해하면 미지의 세상과 우주를 더 깊게 탐구할 수 있다.

과학은 다양한 갈래로 나뉘어 세상의 여러 영역을 탐험한다. 물리학은 물질과 에너지가 서로 어떻게 작용하는지 연구한다. 예를 들어, 뉴턴의 운동 법칙과 만유인력의 법칙은 로켓이나 롤러코스터에 사용되는 핵심 메커니즘이다. 또 물리학은 자동차에 브레이크를 달아 마찰을 일으켜 속도를 줄일 때나, 반대로 모형자동차 경주대회용 차의 마찰을 최소화해 속도를 높일 때도 적용된다.

화학은 물질의 구성, 성질, 반응을 연구한다. 우리가 보고, 느끼고, 냄새 맡고, 맛보고, 만지는 모든 것은 화학과 연관돼 있다. 예를 들어, 염소(chlorine)는 사람을 질식하게 하는 온실가스다. 그리고 나트륨은 은빛의 무른 금속으로 물과 격렬하게 반응하는 물질이다. 그런데 이 두 개가 합쳐진 물질, 즉 소금 없이는 음식을 만들 수 없다.

생물학은 살아 있는 생명의 구조와 기능, 성장, 분류, 번식을 탐구한다. 이 학문은 세포가 어떻게 분열하는지, 혈액형은 왜 구분되는지, DNA가 유전정보를 담는 비밀은 무엇인지, 조직과 기관이 어떻게 노화하는지, 개 주인의 뇌와 개의 뇌는 어떻게 다른지까지 다룬다.

지금까지 언급한 세 가지 분야는 과학의 큰 갈래다. 이 주요 분류 아래 천문학과 지질학, 동물학에 이르는 50가지가 넘는 과학의 갈래들이 넓고 깊게 끝없이 펼쳐진다.

단순히 재미의 관점에서 보더라도 과학의 탐구는 소수의 엘리트뿐 아니라 모든 사람에게 중요하고 실용적인 단서를 제공한다. 가수든, 관리인이든, 농부든, 핵물리학자든, 누구나 과학적으로 사고하고 세상의 정확한 정보를 기반으로 무언가를 결정하는 일이 매우 중요하다. 흡연을 할지 말지, 음식을 먹을지 말지, 어떤 차를 살지 같은 물음도 과학적 근거를 바탕으로 결정된다.

기업이나 정부에서 정책을 만드는 일부 사람들은 다수에 영향을 미치는 결정을 내린다. 이들은 인구 증가나 환경 문제, 핵, 기후 변화 그리고 우주 탐험 혹은 지역 급수 및 상수도 문제, 고속도로와 다리 건설, 가로수 선택, 학교 신설 등 한 나라나 세계에 영향을 끼치는 문제를 다룬다. 그리고 이 모든 사안은 과학적으로 접근할 때 가장 합리적인 해결책을 얻을 수 있다. 또 책임감 있는 유권자라면 과학적 감각을 발휘해 이런 문제를 잘 해결할 능력 있는 후보를 선택해야 한다.

그렇다고 과학의 가치가 실용성에 국한되는 건 아니다. 과학 교사로 일한 경험에 따르면, 과학을 배우는 건 그 자체가 정말 즐겁다. 프랑스의 기술자이자 물리학자, 수학자인 앙리 푸앵카레(Henri Poincare, 1854~1912)는 이렇게 말했다. "과학자는 자연이 유용하기 때문에 연구하는 것이 아니다. 그 안에 즐거움이 있고, 또 그 즐거움 속에 아름다움이 있기에 연구한다. 자연이 아름답지 않다면 알아야 할 가치가 없고, 또 자연에 알 만한 가치가 없다면 생명 또한 살아야 할 가치가 없다."

나는 자연 속에 즐거움과 아름다움이 있고 그 안에 과학이 있다는 사실에 영감을 받아, 1993년부터 '과학 선생님에게 물어봐'라는 과학 칼럼을 쓰기 시작했다. 나는 미국 위스콘신주 토마라는 인구 8000명의 작은 도시에 사는데, 이곳에서는 《토마 저널(Tomah Journal)》이라는 신문이 일주일에 두 번 발행된다. 내 칼럼은 매주 목요일에 나온다. 그러다 보니 난 마을에 상주하는 과학 전문가이자 과학선생이 되었다.

칼럼을 쓰기 전, 나는 아주 중요한 문제와 씨름했다. 바로 '질문을 어디서 얻을까?'였다. 나는 주변 선생님들에게 요청해 학생들에게 종이를 나눠 주고 호기심을 느꼈거나 애먹었던, 혹은 항상 궁금했던 것들을 적어서 내게 했다. 2주 뒤 나는 130개의 질문을 추려 냈다. 그리고 그중에서 다시 10개의 질문을 골라 답을 써 내려갔고, 내 첫 번째 칼럼을 완성했다.

아이들은 열린 마음과 편견 없는 시선으로 최고의 질문자가 되곤 한다. 어른들은 반복적인 경험이 많아서 그런지 일상생활에서 모두가 접하지만 생각해 본 적 없는 사실에 관한 기본적인 질문은 하지 않는 경향이 있다. 반면에 아이들은 자신의 몸이나 태양계, 학교에서 배우는 모든 것을 궁금해하고, 질문하는 데 거리낌이 없다.

《실은 나도 과학이 알고 싶었어》는 내 수업을 듣지 못했거나 칼럼을 읽지 못한 모두를 위한 책이다. 첫 칼럼을 쓴 지 20년이 지난 시점에서, 550개가 넘는 글 가운데 250개를 선정해 여기에 실었다.

내 전문 분야인 물리학을 제외한 생물학, 화학, 지구과학에 관한 질문은 온전한 답변을 위해 다양한 자료를 찾아보는 노력을 더 기울였다. 《과학 선생님》, 《어린이와 과학》, 《과학 범주》, 《물리선생님》 같은 잡지들을 참고하기도 했다. 그리고 인터넷이라는 소중한 도구도 활용했다. 의사, 기술자, 변호사, 기업가, 제조공장 관리인 등을 만나 도움이나 조언을 구하는 일도 많았다.

매주 칼럼을 쓰며 놀라는 일도 자주 있었다. 어떤 질문들은 쉽게 답하지 못하거나 아예 답을 모를 때도 있었기 때문이다. '신은 누가, 왜 만들었을까?', '사람들은 왜 서로를 못살게 굴까?', '중력이 작용하지 않을 때도 있을까?', '돼지는 왜 콧방귀를 뀔까?', '삶은 어떤 의미가 있을까?', '소는 왜 말을 못 할까?'(위스콘신주에는 젖소가 많다!), '닭이나 칠면조는 왜 날지 못할까?' 이런 질문은 무슨 말로 글을 시작해야 할지조차 떠오르지 않았다.

이 책이 당신에게 재미있는 읽을거리이자, 꽉 막혔던 궁금증을 해소해 주는 답변자가 되길 진심으로 바란다. 그리고 나는 당신이 앙리 푸앵카레처럼 과학의 즐거움을 발견하길 바란다. 과학은 그만큼 아름답고 알 만한 가치가 있으므로!

1장 ___ 과학기술에 대한 호기심을 풀어 보자

2장 ___ 매혹적인 화학의 세계로 들어가 보자

3장 ___ 원자와 분자, 소리에 대해 알아보자

4장 ___ 동식물과 다른 생물들의 신비를 풀어 보자 🧪 ⚙️ 💡

5장 ___ 과학의 과거와 가장자리를 훑어보자

6장 ___ 엉뚱한 호기심도 과학으로 풀어 보자

1장

과학기술에 대한 호기심을
풀어 보자

Ask a Science Teacher

할로겐 전등은 뭘까?

일반적인 백열등은 얇은 젖빛 유리 안에 텅스텐 필라멘트가 들어 있다. 전등을 켜면 필라멘트는 약 2482도의 백열 상태가 된다. 백열등은 엄청난 열을 발산해 그다지 효율적이지 않다. 백열등에 들어오는 전기 에너지 대부분은 빛이 아닌 열을 내는 데 사용된다. 그리고 전등의 지속 시간도 겨우 1000시간 정도다. 텅스텐 필라멘트가 모두 증발하면, 유리 내부에 입자가 침전해 전구가 캄캄해진다.

할로겐 전등도 같은 텅스텐 필라멘트를 갖고 있지만 훨씬 작은 석영 유리에 둘러싸여 있다. 그 내부는 불소, 염소, 요오드, 아스타틴 같은 할로겐군의 가스로 차 있다. 이 가스는 필라멘트에서 증발하는 텅스텐과 혼합돼, 할로겐 순환 반응을 일으켜 필라멘트에서 다시 침착된다.

할로겐 순환은 어떻게 일어나는 걸까? 적당히 낮은 온도에서 기체 상태인 텅스텐은 할로겐과 반응해 할로겐화물 가스를 생성한다. 할로겐화물 가스는 필라멘트 주변의 높은 온도에서 분열해 텅스텐과 할로겐을 방출한다. 텅스텐은 유리에 축적되는 대신 필라멘트에 다시 쌓여 재사용되고, 할로겐 가스는 다시 순환할 수 있다. 이 할로겐 순환이 전구의 수명을 오래가게 한다.

이 구조는 필라멘트를 더 뜨겁게 해, 전구를 효율적으로 만든다. 전구가 뜨거우면 소모되는 와트(W)[1]당 생산되는 빛이 늘어난다. 전구가 작을수록 필라멘트가 유리 표면과 가까워 전구를 더 뜨겁게 한다. 일반 유리는 이런 고온에서 녹기 때문에 석영 유리를 사용한다.

　할로겐 전등이 개발된 배경에는 재미있는 이야기가 있다. 1950년대 기술자들은 제트 비행기의 날개 끝에 작고 강력한 전등을 장착할 수 있기를 원했다. 그들의 요구를 듣고 미국의 제너럴일렉트릭(GE)사가 할로겐 전등을 만들었다.

002　무한 동력 장치를 만들 수 있을까?

　무한 동력 장치(영구기관)는 물리학의 가장 기본적인 법칙, 즉 에너지 보존의 법칙을 어긴다. 무한 동력은 들어가는 힘 없이 나오는 힘이 생겨야 한다. 다시 이야기하면, 투입되는 에너지 없이 에너지를 생산한다는 뜻이다. 이게 가당키나 한 소린가!

　모든 기계는 에너지가 공급되면 일부는 일하는 데 쓰고, 일부는 소모되는 열, 즉 폐열을 발생시키는 데 쓴다. 일할 때 사용한 에너지와 폐열이 발생할 때 쓴 에너지를 합하면 시작할 때 들어간 에너지와 같다. 바꿔 말하면, 에너지는 보존된다는 뜻이다. 여기서 말한 에너지에는 열, 역학적 힘, 태양열, 전기, 자기, 화학, 보온 등이 포함된다. 열역학의

1　1초 동안에 소비하는 전력 에너지 단위로서 전압과 전류를 곱해서 얻는다(P= V×I).

첫 번째 법칙인 에너지 보존의 법칙은 무에서 유(에너지)를 창조할 수 없다는 말과 같다. 이 법칙에 예외는 없다. 에너지는 형태를 바꿀 뿐, 항상 일정량이 보존된다. 역학, 전기, 자기, 보온, 화학, 핵에너지 등 모든 형태의 에너지가 그렇다.

또 무한 동력 장치는 폐열이 없고 순환이 끝나도 에너지를 변함없이 원래 상태로 유지한다. 하지만 현실에서는 에너지를 사용하면, 결국 사용 가능한 에너지는 손실되어 원래 상태로 돌릴 수 없다. 물리학자들은 이런 변화를 엔트로피라고 한다. 열역학의 두 번째 법칙에 따르면, 어떤 동력 장치라도 일단 작동하면 엔트로피가 증가한다. 이런 이유로, 현재로서는 무한 동력 장치란 존재하지 않으며 과거에 존재한 적도 없다. 일찍이 1775년 파리 과학아카데미는 "앞으로 무한 동력 장치에 대한 제안서를 받지 않겠다"라고 선언했다.

과거에 발명가는 그림이나 아이디어, 도식으로 특허를 신청할 수 있었다. 즉 실제로 장치를 만들거나 설치하지 않아도 특허를 받을 수 있었다. 사기꾼들은 무한 동력 장치로 투자금을 받아 그 돈을 은행이나 주식에 투자했다. 무한 동력 장치가 사기였다는 사실이 밝혀져 투자자들에게 돈을 되돌려주었지만, 그동안 이자를 챙길 수 있었다. 2001년 미국특허청(PTO)은 무한 동력 장치는 특허를 신청한 사람이 실제 작동하는 장치를 가져오지 않으면 특허를 내주지 않겠다는 조항을 만들었다. 인터넷에 있는 모든 무한 동력 장치는 특허가 없으며, 실제로 작동하지도 않는다.

활과 화살을 생각해 보자. 당신이 활시위를 뒤로 당기면, 구부러진

활은 잠재적인 에너지를 가진다. 그리고 활시위를 놓으면 운동에너지가 시작된다. 활을 떠난 화살은 표적에 날아가 박힌다. 더는 잠재된 에너지도, 운동에너지도 없다. 하지만 이때 표적과 화살촉은 온도가 약간 올라가는데, 역학에너지(이 경우에는 운동에너지)가 열에너지로 바뀐 결과다. 남는 것도 잃은 것도 없다. 단지 에너지의 형태가 바뀌었을 뿐이다.

여기 또 다른 예가 있다. 자동차는 에어컨이나 헤드라이트를 사용할 때 혹은 라디오를 들을 때 더 많은 연료를 사용한다. 이런 기능을 사용하는 데 필요한 에너지는 배터리에서 나온다. 휘발유를 연소해 돌린 엔진이 발전기를 작동해 배터리를 충전시킨다. 에어컨도, 헤드라이트도, 라디오도 공짜로 쓸 수는 없다.

영국의 물리학자로 브루마스터(양조 기술자)의 아들이었던 제임스 프레스콧 줄은 에너지 보존의 법칙을 발견하는 데 중요한 역할을 했다. 그는 일정량의 작업을 하면 항상 같은 양의 열이 발생한다는 사실을 증명했다. 과학 용어로 표현하면, 독립된 장치에 있는 총 에너지의 양은 그 안에서 다른 형태로 전환되더라도 일정하게 유지된다는 이야기다. 무한 동력 장치가 존재할 수 없는 이유다. 하지만 요즘도 들어간 에너지보다 생산되는 에너지가 큰 기계를 발명했다고 주장하는 사람들이 있다. 말도 안 된다!

미국에서 무한 동력으로 가장 잘 알려진 사람은 발명가 조셉 뉴먼이다. 그는 소모된 에너지보다 더 많은 에너지를 생산하는 '에너지 기계'를 만들었다고 주장했다. 〈조니 카슨 쇼(Johnny Carson Show)〉에도 출연한 그는 투자자들에게서 수백만 달러를 챙겼다. 특허를 신청했지만, 미국 특허청은 그의 신청을 거절했다. 조셉은 특허청을 고소했고, 연방표준국(NBS)이 그의 주장을 검증하는 임무를 맡았다. 1986년 6월 결과가 나왔는데, 단 한 번도 에너지 생산량이 투입량보다 많지 않았다. 무한 동력, 공짜 에너지는 없었다.

003 녹는 실은 어떻게 만들까?

녹아서 인체에 흡수되는 실, 즉 흡수성 봉합사는 외과적 치료에서 피부 안팎의 상처나 수술 부위를 꿰맬 때 사용한다. 봉합사는 몸속에서 자연적으로 분해돼, 실을 제거하려고 병원에 다시 가거나 의사를 찾을 필요가 없다.

보통 흡수성 봉합사는 동물의 창자에서 추출한 콜라겐을 가공한 것 등의 천연 소재로 만든다. 양의 창자를 재료로 써 흔히 창자실 또는 장선이라고 부르기도 한다. 이 실은 상처나 수술 부위가 치유된 뒤, 시간이 지나면 저절로 분해된다. 사람의 신체는 실을 외부 물질로 취급해 파괴하게끔 되어 있다. 가끔 신체 외부에 봉합사가 남기도 하는데, 이는 실이 체액과 접촉하지 않아 일어나는 현상이다. 이렇게 남아 있는 봉합사는 병원에서 제거한다.

흡수성 봉합사를 크롬염[2]으로 코팅하면 몸속에 더 오래 남는다. 반면 열처리 과정을 거치면 더 빨리 녹는다. 의사들은 상처가 완전히 치료되는 데 걸리는 시간을 고려해 이런 처리를 거친 실과 일반 실 중 하나를 선택해 사용한다.

요즘 흡수성 봉합사는 대부분 테니스라켓 줄이나 낚싯줄과 비슷한 합성고분자 섬유로 만든다. 꼬아서 만든 실도 있고, 단섬유 실도 있다. 무독성에 다루기 쉬우며, 가격이 싸고, 조직 반응도 적게 일으킨다. 목화로 만든 실도 많이 사용하는데, 감염 위험이 적은 상처에 사용한다. 이 실은 가격이 저렴하다. 몸속에서 분해되지 않는 비흡수성 봉합사는 대개 완치 후 제거하기 쉬운 외부 상처를 봉합할 때 쓴다. 보통 폴리에스터, 나일론, 실크로 만든다. 스테인리스 봉합사는 정형외과 수술에 많이 사용되며 심장이나 복부 수술 후 흉부를 닫는 데 쓴다.

봉합사는 두께와 탄성, 분해 정도에 따라 종류가 다양하다. 성형수술에 사용되는 극도로 가는 봉합사는 흉터가 걱정되는 부위에 사용한다. 탄성이 있는 봉합사는 무릎 수술에 유용하게 사용되는데, 수술 후 무릎을 구부려도 상처가 벌어지지 않게 해 준다. 피부 표면의 얕은 상처보다 치료에 오랜 시간이 걸리는 깊고 넓은 상처에는 오래가는 봉합사를 사용한다.

---

2 크롬염(Chromium Salt)은 금속의 부식 방지 코팅, 섬유나 가죽의 매염, 착색제와 페인트, 곰팡이 제거제 등에 이용되며, 발암물질의 하나다.

커다란 배가 어떻게 물 위에 뜰까?

과거에는 아주 명석한 사람들도 철이나 금속으로 만든 배는 물 위에 뜰 수 없다고 생각했다. 일단 철은 물보다 밀도가 여덟 배나 높아, 금속 덩어리를 물에 넣으면 곧장 가라앉는다. 철은 1850년대 중반까지 배를 만드는 데 그리 많이 사용되지 않았다. 미국 남북전쟁(1861~1865) 이전의 배들은 주로 목재로 만들었다. 나무가 물에 뜬다는 사실은 모두 잘 알았다.

하지만 배가 물 위에 뜨는 것은 소재가 아니라 구조 때문이다. 금속 덩어리 자체는 물에 가라앉지만, 안에 빈 공간이 많으면 금속이라도 물에 뜰 수 있다. 배의 아랫부분이 물에 잠기면 그 부피만큼 물을 밀어내게 되고 밀어낸 물의 무게만큼 뜨는 힘(부력)이 생긴다.

예를 들어, 타이태닉호는 총톤수(선박의 부피를 무게로 표시한 것)가 약 4만 6000톤이었지만, 배수량이 약 5만 2000톤에 달했다. 즉, 승객과 화물을 실어 바다에서 밀어내는 물의 양이 5만 2000톤이나 되었다. 그러나 강력한 힘으로 바닷물을 밀어냈던 타이태닉호는 물속에 가라앉았다.[3] 짐을 너무 많이 싣거나 위나 옆으로 물이 새면 사고가 일어난다. 배의 무게가 밀어낸 물의 무게보다 커지는 순간, 가라앉고 만다!

---

3 1912년 4월 10일 영국의 사우샘프턴을 떠나 미국의 뉴욕으로 첫 항해를 시작한 타이태닉호는 4월 15일 빙산과 충돌하여 침몰했다. 이 사고로 1514명이 사망하였다.

기원전 3세기에 살았던 아르키메데스는 부력의 원리를 처음으로 발견했다. 당시 왕은 아르키메데스에게 자신의 왕관이 순수한 금으로 된 건지 아니면 대장장이가 은이나 납을 섞어 만들었는지 알아내라고 지시했다. 어느 날 목욕탕에 간 아르키메데스는 물이 물체를 위로 밀어내는 힘, 즉 부력을 깨달았다. 그는 자신의 몸무게가 욕탕 밖에서보다 안에서 더 가볍다는 사실을 알아냈다. 아르키메데스는 왕관에 은이 섞였다면 순수한 금보다 부피가 더 클 것으로 추정했다. 은이 금보다 밀도가 낮기 때문이다. 그는 왕관이 물을 밀어내는 양과 같은 질량의 금이 물을 밀어내는 양을 비교했다. 당연하게도 왕관이 더 많은 물을 밀어내 금에 다른 물질이 섞였다는 사실을 알아냈고, 대장장이는 말 그대로 목이 날아갔다.

005 비행기가 번개에 맞으면 어떻게 될까?

비행기가 번개에 맞는 일은 흔하지만 별다른 해는 없다. 미국 연방 항공청(FAA)에 따르면 모든 여객기가 일 년에 평균 한 번 이상 번개를 맞는다. 물론 한 번 이상 맞는 비행기도 있고 전혀 맞지 않는 비행기도 있다. 사실 전하가 축적된 구름 안을 비행하는 비행기가 번개를 일으키기도 한다. 어쨌든 많은 비행기가 번개를 맞는다.

요즘 비행기들은 전류가 매우 잘 통하는 알루미늄으로 된 '피부'를 갖고 있다. 비행기가 번개를 맞으면 이 피부를 통해 대기로 빠져나간다. 하지만 번개가 기체 내부의 아주 예민한 전자기기에 피해를 줄 수 있어 피뢰 시스템이 필요하다.

미국에서 번개에 의한 여객기 사고는 1963년에 마지막으로 일어났다. 보잉 707기가 메릴랜드주 엘크턴 상공에서 착륙을 위해 선회 비행을 하던 중 번개를 맞았고, 연료 탱크에 불꽃을 일으켜 폭발하는 바람에 탑승객 81명이 사망했다. 바로 다음 주, 미국 연방항공청은 미국 영공을 비행하는 모든 비행기에 억제기를 달 것을 명령했다. 날개 끝이나 수직 꼬리 날개에 정전기방전 장치를 설치해 비행기가 번개를 맞으면 전하가 빠져나가게 한 것이다.

비행기 조종사들은 번개 외에도 윈드시어(바람의 방향이나 세기가 갑자기 변화하는 현상)로 비행기가 파괴될 것을 염려해 최대한 뇌우를 피하려고 노력한다. 그리고 제트 엔진에 많은 양의 물이 들어오면 엔진이 멈출 수도 있다.

006 프리즘은 어떻게 작동하는 걸까?

프리즘(Prism)은 평평하게 절단한 면이 서로 정밀한 각도로 맞물려다면체를 이루는 유리나 플라스틱 물체를 말한다. 들어온 빛을 굴절시키고 상하를 반전하거나 회전시킨다. 또한 빛을 분산시켜 다양한 파장으로 나눈다.

1666년 당시 스물네 살의 영국 과학자 아이작 뉴턴은 서재에 들어오는 빛을 모두 막은 뒤 문틈으로 한 줄기 광선만 들어오게 했다. 그는 두 개의 프리즘을 이용해 햇빛을 분산시켰고 백색광이 빨강, 주황, 노랑, 초록, 파랑, 남색, 보라로 이루어져 있다는 사실을 알아냈다. 우리는 이 일곱 가지 색을 무지개라고 부른다. 줄여서 빨, 주, 노, 초, 파, 남, 보로 무지개의 색을 순서대로 외울 때 쓴다.

스펙트럼으로 나뉜 빛을 '분산됐다'고 하는데, 분산은 빛이 굴절해서 일어난다. 굴절의 정도는 광파[4]의 길이에 따라 다르다. 가시광선 중 가장 광파가 긴 빨강은 굴절하는 각도가 가장 작다. 반면 광파가 가장 짧은 보라색 빛은 굴절하는 각도가 가장 크다.

쌍안경은 한쪽 눈마다 두 개씩 총 네 개의 프리즘을 사용해 빛이 들어오는 길을 연장하고 이미지를 회전시킨다. 하지만 쌍안경으로 위아래가 반전된 장면을 보고 싶어 하는 사람은 없다. 두 개의 렌즈, 즉 접안렌즈나 대물렌즈를 통해 보면 모든 물체가 거꾸로 보인다.

야외활동용 스팟팅 스코프(삼각대에 연결된 작은 망원경)나 총 위에 설치된 사냥용 망원경처럼 전경을 볼 때 사용하는 망원경에는 접안렌즈와 대물렌즈 사이에 정립렌즈가 있어 물체의 상하좌우가 일치한 상

---

4 빛에는 입자와 파동의 두 가지 성질이 있다. 파동의 특성을 강조했을 때 광파라 한다.

을 볼 수 있다. 이 렌즈를 설치한 망원경은 길이가 길어질 수밖에 없다. 하지만 긴 망원경은 목에 걸고 다닐 수도 없어 그다지 실용적이지 않다. 그래서 쌍안경은 내부에 프리즘을 설치해 광 경로를 줄이고 올바른 이미지와 방향을 제공한다.

잠수함이나 탱크에 사용되는 잠망경은 두 개의 프리즘을 사용한다. 잠망경과 쌍안경의 프리즘은 세 면을 가진다. 삼각형 내각 중 두 곳은 45도, 한 곳은 90도다.

장난감 가게나 선물의 집에 가면 창문에 걸어 집 안에 아름다운 무지개가 춤추게 하는 프리즘을 살 수 있다.

007 레이더는 어떻게 작동할까?

레이더(radar)는 제2차 세계대전 직전에 영국이 개발했다. 이 장치는 프랑스에서 영국해협으로 날아오는 독일 전투기와 폭격기의 대형을 미리 알려 주는 중요한 역할을 했다. 이름은 광범위 무선탐지기(RAdio Detection And Ranging)의 줄임말이다.

레이더 탐지기는 경찰 레이더 송신기의 무선 전송을 수신하는 전파 수신기와 같다. 자동차의 속도를 측정하는 레이더의 원리는 정말 단순하다. 경찰이 사용하는 속도 측정기는 라디오파를 보내고 반사된 라디오파를 되받는 장치다.

　레이더의 가장 단순한 목적은 물체의 거리를 알아내는 데 있다. 레이더 송신기는 라디오파를 한 지점으로 내보낸다. 이 라디오파가 지나는 길에 어떤 물체가 있다면, 아주 작은 파장이 반사돼 레이더 수신기로 되돌아온다. 라디오파는 빛의 속도로 이동하는데, 레이더는 이 파장이 돌아오는 시간을 계산해 물체가 얼마나 먼 거리에 있는지 알아낸다.

　도플러(Doppler) 레이더는 자동차의 속도를 측정할 때 사용한다. 자동차가 정지해 있는 경우 레이더에서 나온 라디오파가 항상 일정한 거리를 왕복하지만, 접근 중이라면 라디오파의 왕복 거리가 점점 짧아지고 파장의 밀도도 높아진다. 즉 파장은 점점 짧아지고 진동수는 증가한다. 레이더는 진동수의 변화에 근거해 자동차가 움직이는 속도를 계

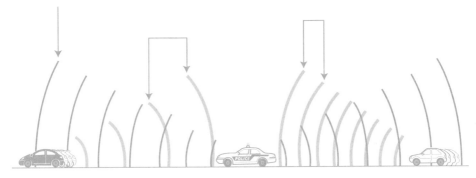

경찰차가 내보낸
라디오파가 근처 차들에
맞고 되돌아간다.

검은 차가 경찰차에서
멀어지면 반사되는
라디오파의 거리가 멀어지며
파장도 커진다.

흰 차가 경찰차에 가까워지면
반사되는 파장이 짧아지고
동시에 작아진다.

산한다. 레이더에서 멀어지는 자동차는 정반대다. 라디오파가 자동차에 맞고 돌아오는 거리가 점점 길어져서, 파장의 길이는 길어지고 진동수는 낮아진다. 레이더가 움직이는 경찰차에 설치돼 있다면 경찰차의 속도도 반드시 고려해야 한다.

최근 점점 더 많은 경찰서에서 라이다(lidar), 즉 광범위 광파탐지기(LIght Detection And Ranging)를 사용한다. 이 속도 측정기는 적외선 레이저를 발사해 차량에 맞고 반사되는 빛을 계산한다. 라이다는 광선의 폭이 기존 레이더보다 훨씬 좁아, 교통 통행량이 많은 곳에서도 원하는 차량의 속도를 측정할 수 있는 장점이 있다.

경찰은 구간 단속기, 바스카(Visual Average Speed Computer And Recorder)도 자주 사용한다. 바스카는 스톱워치와 계산기가 결합된 것으로 레이더 기기 탐지기를 피할 수 있다. 어느 구간을 정해 놓으면, 자동차가 시작 지점을 지날 때 초시계가 시작해 끝 지점을 지날 때 멈춘다. 바스카는 그 거리와 시간에 근거해 속도를 표시한다. 레이더는 사용하지 않는다. 내가 사는 위스콘신주 교통국의 항공 순찰대, '곰이 떴다(bear in the air)'도 바스카를 사용한다. 항공 순찰대는 주와 주를 연결하는 고속도로에 약 200미터 간격으로 칠해 놓은 특정 선을 통과하는 자동차의 속도를 해당 지역에 배치된 경찰차에 알린다.

개인적으로, 나는 50년 동안 운전하며 여섯 번이나 딱지를 뗄 때 레이더가 정말 친근하게 느껴진다. 모두 내 잘못이지, 뭐!

휴대전화는 어떻게 작동할까?

핸드폰, 휴대전화는 사실 양방향 라디오다. 전화는 알렉산더 그레이엄 벨이 1876년 발명했고, 라디오는 니콜라 테슬라와 굴리엘모 마르코니가 1880년대와 1890년대 발명에 기여했다. 이 두 가지 기술은 결국 합쳐질 운명이었나 보다.

휴대전화는 영어로 셀 폰(Cell phone)이라고 하는데, 이때 셀은 주파수 범위를 뜻하며 꿀벌이 꿀을 저장하는 벌집처럼 육각형 모양으로 되어 있다. 면적은 10제곱마일(약 25.9제곱킬로미터)이다. 각각의 셀에는 타워와 작은 기지국이 있다. 기지국과 휴대전화는 낮은 전력으로 운용되기 때문에 인접한 셀이 아니라면 같은 주파수를 재사용할 수 있다.

도시처럼 인구가 밀집한 지역에서는 무선 주파수를 800개 이상 사용할 수 있다. 아날로그 시스템으로 된 하나의 셀 안에서는 약 160명이, 디지털에서는 약 800명이 동시에 통화할 수 있다. 많지 않다고 느낄 수도 있지만, 통화가 몇 초만에 끝날 때가 많고, 다른 셀이나 타워로 신호를 보내 통화하는 경우를 고려하면 충분한 편이다.

미국의 일부 지역은 여전히 아날로그 방식에 많이 의존한다. 내가 사는 위스콘신주 토마는 아날로그 대신 훨씬 강력하고 효율적인 디지털 방식을 사용한다. 내 전화기는 디지털 지역에서 배터리를 사흘 정도 쓸 수 있다. 최근 토요일마다 밀워키 지역에서 수업하는데, 일부 아날로그 방식을 사용하고 있어 그곳에서는 배터리가 하루도 버티지 못한다(2013년 기준).

휴대전화를 켜면 그 휴대전화의 시스템 식별 번호가 제어 채널에 연결된다. 전화가 외딴곳에 있어 제어 채널을 수신하지 못하면 화면에 '서비스 제외 지역' 표시가 뜬다.

시스템 식별 번호를 받으면 전화는 '등록 요청' 신호를 보내, 이동전화교환국(MTSO)이 당신이 어느 셀에 있는지 인식한다. 전화를 받으면 시스템은 당신의 셀을 찾기 위해 데이터베이스를 뒤지고 당신이 듣고 말하는 데 사용할 한 쌍의 라디오 주파수를 설정한다. 이렇게 양방향 라디오로 대화하는 도중 셀의 가장자리로 이동하면 기지국은 당신의 신호가 약해지는 걸 인지하고, 다음 기지국은 당신의 신호가 증가하는 걸 인지한다. 마침내 두 기지국이 제어 채널을 '결정하고' 주파수를 바꾸면 당신은 다음 셀로 들어선 것이다. 이 과정은 놀라울 정도로 매끄러워 우리가 절대 인지할 수 없다.

휴대전화는 전기 회로망이 너무 복잡해, 50년 전에는 방 하나를 가득 채울 정도였다. 현재는 기술이 발달해 손바닥만 한 크기에 더 정교하고 다양한 기능을 갖추게 됐다. 게임은 물론이고 녹음기, 카메라 기능을 갖추고 다양한 어플도 사용할 수 있는 스마트폰 시대다. 미국에서는 인구의 약 90퍼센트가 휴대전화를 사용한다.

구조요청을 하든 멀리 떨어진 친구와 이야기할 때 사용하든 휴대전화는 정말 놀라운 전자기기다!

전구는 어떻게 작동할까?

여기서는 일반 전등에 관해 이야기해 보자. 1879년 토머스 에디슨의 전구 발명 덕분에 우리의 생활과 일하는 방식은 완전히 바뀌었다. 빛이 없던 시절 해가 저물고 나면 어땠을지 상상해 보자. 초, 횃불, 석유램프를 밝혔는데, 이들은 산소를 빨아들이고 방 안에 화재를 일으키는 원인이 됐다. 1900년이 되자 세계의 수백만 명이 전구로 밤의 어둠을 몰아낼 수 있었다. 놀랍게도 우리는 100년 전에 만들어진 전구를 지금까지도 거의 그대로 사용하고 있다.

전구의 핵심은 텅스텐 필라멘트다. 텅스텐은 녹는점이 섭씨(℃) 약 3400도로 아주 높다. 하지만 온도가 높아지면 텅스텐에 불이 붙어 버린다. 불은 산소가 있어야 한다. 그래서 전구 제조업자들은 전구 안의 산소를 모두 제거했다. 다시 말하면, 전구 안쪽을 진공 상태로 만든 것이다. 그리고 이 똑똑한 업자들은 한발 더 나가 전구에 아르곤 가스를 주입했다. 아르곤은 불활성기체로 뜨거운 필라멘트가 산소에 녹슬지 않게 예방한다.

필라멘트는 특정 지점의 텅스텐이 지나치게 많이 기화하면 그곳이 가늘고 약해진다. 불을 꺼 놓았을 때 필라멘트는 차가워지는데, 전구를 켜면 전류가 차갑고 약해진 바로 그 부분을 통과한다. 곧이어 퍽 소리와 함께 불꽃이 인다. 전구가 수명을 다하는 이런 장면은 모두 한 번쯤 목격했을 것이다.

보통 전구에 들어 있는 2.5센티미터 필라멘트를 일자로 펴면, 길이가 60센티미터를 넘는다. 아주 얇은 텅스텐 선을 나선(코일)으로 만들고 그 선으로 다시 큰 나선으로 만든 결과물이다. 기술자들은 이 이중 코일 방식이 와트당 더 많은 빛을 생산한다는 사실을 깨달았다. 전구는 수명과 효율성을 기술적으로 훌륭하게 타협해 만든 예다. 사실 전구의 수명은 무한대로 늘릴 수 있다. 필라멘트를 두껍게 만들기만 하면 된다. 하지만 두껍게 만들면 빛은 약해지고 전력만 아주 많이 소모된다. 그다지 효율적이지 않다. 반면 필라멘트를 가늘게 만들면 효율이 극대화되어 아주 뜨겁고 밝게 빛난다. 단, 수명은 몇 시간으로 줄어든다.

미국에서 판매되는 모든 전구는 포장지에 해당 상품에 관한 전력량(와트), 수명, 광출력(루멘), 에너지 소비가 표기되어 있다. 24와트 전구는 약 2400시간 지속하며 100와트 전구는 약 1700시간 지속한다. 수명은 전력량이 낮을수록 길다. 전구의 와트 수가 낮을수록 필라멘트가 두껍기 때문이다. 하지만 전력량이 높을수록 더 효율적인데 이는 전력 소비, 즉 와트당 생산하는 빛이 더 많다는 뜻이다. CFL과 LED 등 새로 개발된 전구는 전력을 더 많이 소비하지만, 훨씬 효율적이다.

CNN 방송은 캘리포니아주 리버모어 소방서의 '백년 전구'에 관해 보도한 적이 있다. 1890년대에 만들어진 이 탄소 필라멘트 백열등은 1901년부터 지금까지 작동하고 있어 최장 수명으로 기네스북에 올랐다. 이 전구는 아주 밝거나 효율적이지는 않지만 정말 엄청나게 오래 간다!

레이저는 어떻게 물체를 자를까?

레이저(laser)는 Light Amplification by the Stimulated Emission of Radiation의 약자로, '자극방출에 의한 빛의 증폭'이라는 뜻이다. 탄산가스(CO$_2$) 레이저는 아주 강력해 절단, 용접, 드릴링, 금속의 합판법[5]과 표면 처리에 사용된다. 탄산가스 레이저는 1만 와트 이상 전력으로 스펙트럼 중 적외선과 마이크로파장의 빛을 내뿜는다. 적외선을 증폭한 에너지에는 열효과가 있어, 탄산가스 레이저는 기본적으로 표적의 초점 부위를 녹이는 일을 한다. 탄산가스 레이저에서 나오는 광선은 스펙트럼의 가시 범위 밖에 있어서 우리 눈에 보이지 않는다. 이 빛의 파장은 우리가 볼 수 있는 광파보다 약 스무 배 길다.

일부 저출력 탄산가스 레이저는 수술에도 쓰이는데, 이때는 탄산가스 레이저의 광선을 볼 수 있도록 붉은색 광선이 나오는 작은 레이저를 함께 사용한다. 망막 수술은 의학계에 레이저를 적용한 초기 사례 중 하나다. 레이저는 특히 간처럼 출혈이 많은 부위의 수술에 유용하다. 빔이 즉각적으로 조직을 태워, 감염을 예방하게 해 준다.

다이오드 레이저 같은 아주 약한 레이저들은 레이저 포인터로 쓰거나(여기서 알 수 있듯 이 레이저의 광파는 당연히 가시 범위 안에 있다), CD

---

5 서로 다른 두 개 이상의 금속 특징을 살려 재료를 맞붙인 층 모양의 복합 합금을 만드는 방법으로 클래딩(cladding)이라고도 한다.

나 DVD 플레이어, 슈퍼마켓의 바코드 리더기에 사용한다.

엔디야그(Nd:YAG) 레이저는 탄산가스 레이저의 친척이다. 엔디야그는 '네오다이뮴 투여 이트륨 알루미늄 석류석 레이저(neodymium-doped yttrium aluminum garnet laser)'를 의미한다. 증폭기 매질이 고체인 레이저로 전자기파 스펙트럼 중 적외선을 빛으로 방출하지만, 가시광선에 더 가깝다. 엔디야그 레이저는 의학 분야에서 많이 쓰는데, 안구 수술이나 피부의 종양 제거, 얼굴이나 다리의 털이나 정맥 혈관을 없앨 때 쓴다. 고체 레이저는 진공 튜브나 램프를 사용하지 않는다.

레이저는 산업에 어떤 이점을 가져다줄까? 레이저 빔은 아주 정교해, 철에 열을 가하는 범위를 최소화할 수 있다. 요즘 탄산가스 레이저는 유지비도 적게 들고, 사용 전력도 낮으며, 차지하는 공간도 작다. 많은 레이저 기기가 광섬유로 빛을 전달해, 작업현장에 들이기가 더 쉬워졌다. 레이저는 의외의 쓰임새도 있다. 예를 들면, 하키 골키퍼들이 쓰는 케블라[6] 마스크를 자르거나, 수술 장비에 합판법을 응용하거나, 아기 젖병에 구멍을 내거나, 식별 표시를 만들거나, 컬러인쇄에 쓰이는 철판 에칭 공정(부식)에도 사용한다.

군대는 '스타워즈' 계획을 통해 강력한 레이저를 개발했다. 1984년 레이건 대통령은 레이저위성을 이용해 적의 핵미사일이 목표지에 도달하기 전에 요격하는 전략방위구상을 내놓았다. 이 계획으로 계발된

---

6 미국의 듀폰사에서 개발한 합성섬유로 가볍고 튼튼해 방탄복이나 군용 헬멧을 만드는 소재로 사용된다.

레이저는 탱크와 전투기 등에서 활용되는 사진과 영상으로 공개됐지만, 실제 효과에 관해서는 대중에게 알려진 바가 별로 없다.

011 산소발생기란 무엇일까?

1996년 밸루젯 항공사 여객기가 플로리다주 에버글레이즈에 추락하는 대형 사고가 있었다. 이듬해 러시아의 미르 우주정거장에 불이 났다는 소식도 나왔다. 두 사고 모두 산소발생기로 인해 일어났다.

'산소 저장용 통' 하면 우리는 흔히 병원이나 용접 공장에서 사용하는 커다란 녹색 원통이나, 스쿠버다이버들이 잠수할 때 메고 들어가는 작은 산소통을 떠올린다. 산소통은 보통 크고 무거운 통에 산소를 기체로 담고 있다. 크기나 무게를 고려하면 비행기, 잠수함, 우주정거장에 위급한 상황이 발생했을 때 산소 공급용으로 활용하기는 어렵다.

'산소발생기'는 산소통의 대안이 되는 장치를 포괄적으로 이르는 말이다. 산소발생기는 비행기에 압력손실 등 응급상황이 발생하면 승객들에게 산소를 공급한다. 물론 잠수함 선원, 소방관, 광산구호 대원 등도 사용할 수 있다. 산소발생기는 산소를 몇 가지 화학물질로 저장한다. 염소산나트륨, 과산화바륨 그리고 염소산칼륨이다. 산소가 아주 풍부한 물질들로, 테니스공 캔 크기의 가볍고 작은 형태로 저장할 수 있다. 항공기 내부의 압력이 떨어지면 산소발생기가 자동 혹은 수동으로 내려와 승객들에게 산소를 공급한다. 마스크를 꺼내 고정 핀을 뽑으면 화학물질이 혼합돼 산소를 발생시킨다.

산소통은 활성화되면 엄청난 열을 발생시켜 근처 가연성 물질에 불이 붙는데, 산소가 풍부해 금세 큰불로 번질 수 있다. 1996년 5월 11일, 마이애미발 애틀랜타행 밸루젯 여객기 592기 사고 당시, 앞쪽 화물칸에 산소통 다섯 상자가 안전 장치도 없이 실려 있었다. 이 산소통은 애초에 비어 있는 것으로 신고되었다. 조사관들은 이륙 시 충격으로 산소통에 불이 붙었고, 약 10분 만에 비행기 전체가 화염에 뒤덮인 것으로 추정했다. 그 비행기는 에버글레이즈에 시속 804킬로미터(km/h)의 속도로 추락했고, 탑승한 승객과 승무원 110명 전원이 사망했다.

012 벽걸이 텔레비전은 어떻게 작동할까?

요즘 텔레비전 광고를 보면 높은 해상도로 실물과 같은 색감과 입체감을 자랑한다. 옛날에는 볼록한 브라운관(Braun tube)[7] 장치가 화면을

---

7 음극선관 또는 CRT(Cathode Ray Tube)라고도 한다.

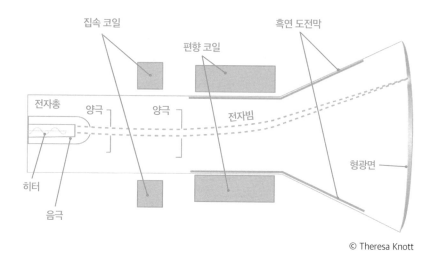

집속 코일　　편향 코일　　흑연 도전막

전자총　양극　양극　전자빔

히터

음극

형광면

© Theresa Knott

표시하는 데 쓰였다면, 이제는 얇고 평평한 패널식 장치가 그 자리를
대신하고 있다.

　브라운관은 전자 빔을 활용해 전기 신호를 영상으로 변환해 주는
특수한 진공관이다. 장치 후방에 있는 전자총이 전자를 가속하여 전
자 빔으로 만들고, 이것이 전기장과 자기장에 의해 휘면서 전면에 있
는 형광면의 형광 물질을 자극해 빛을 내게 하는 원리다. 브라운관은
1897년 독일의 물리학자 카를 F. 브라운이 처음 발명한 이후 발전을
거듭해, 1934년 독일에서 처음 상업적으로 생산되었다. 그 후 브라운
관은 새로운 영상 표시 기술이 등장할 때까지 텔레비전의 핵심 기술로
활용되었다.

　브라운관 TV는 몸체가 두꺼워서 앞뒤로 자리를 많이 차지했지만,
지금 보편화된 텔레비전은 벽에 걸 정도로 얇아졌다. 2000년대에 들어
서 LCD(Liquid Crystal Display) 텔레비전에 상용화되었다. LCD TV는

박막 트랜지스터(Thin Film Transistor)[8]를 이용한 기술로, 전압에 따라 빛을 투과 또는 차단하는 액정의 특성을 이용해 영상을 표현한다. 액정에는 액체와 결정의 성질이 다 있다. 액체로 존재하면서 전압, 온도에 따라 색이나 밝기가 특정 결정과 같은 성질을 띠는 광학성을 보이는 것이다. 하지만 액정 자체로는 빛을 낼 수 없기 때문에, LCD TV는 패널 뒤쪽에서 빛을 쏘아 주는 백라이트가 꼭 필요하다.

플라스마 텔레비전(Plasma Display Panel)은 흔히 PDP TV로 부르는 것이다. 플라스마는 기체도, 액체도, 고체도 아닌 제4의 물질 상태다. 기체에 초고온을 가하면 음전하를 가진 전자와 양전하를 가진 이온으로 분리된 중성의 상태가 되는데, 이것을 플라스마라고 한다. 플라스마는 전압을 가하면 강한 빛을 발하는데, PDP TV는 이 원리를 이용하여 영상을 표시한다. 하지만 PDP TV는 선명도가 떨어지고 LCD TV보다 전력 소모가 크다는 단점이 있어, 보통 일반 가정에서 사용하지 않는 추세다.

요즘 가장 대중화된 텔레비전은 LED 텔레비전이다. LED TV는 LCD TV의 백라이트에 LED(Light Emitting Diode), 즉 발광 다이오드를 사용한다. 발광 다이오드란 화학적 화합물 반도체로 전기 신호를 적외선이나 빛으로 바꾸는 성질이 있다. 에너지 효율이 높아 소비 전력이 작고 반영구적으로 사용할 수 있는 것이 장점이다.

최근 주목받는 OLED 텔레비전은 백라이트 없이도 영상 표현이 가

---

8 절연 기판 위에 진공, 화학 증착 등으로 형성된 얇은 막을 이용하여 만드는 트랜지스터다. 트랜지스터(transistor)란 전기회로에서 전류나 전압을 제어하는 스위치 기능을 하는 부품이다.

능하다. OLED(Organic Light Emitting Diode)란 유기 발광 다이오드로, 전류로 자극을 받으면 스스로 빛을 내는 형광성 유기 화합물의 층으로 된 반도체다. 이렇게 스스로 발광할 수 있기 때문에 백라이트가 필요하지 않으며, 따라서 OLED TV는 한층 얇고 패널을 구부릴 수도 있다.

어쩌면 머지않은 미래에 공상과학 영화에서 보던 주머니 안에 넣는 TV를 현실에서 보게 될 날이 올지 모른다!

013 냉장고는 왜 차가울까?

주사 맞기 전, 알코올에 적신 솜으로 피부를 문지를 때 느껴지는 시원함을 떠올려 보자. 알코올은 굉장히 빨리 증발한다. 증발이란 액체가 기체로 변하는 현상을 말한다. 액체는 기체로 변할 때 열을 가져가는데, 이때 알코올도 우리 몸의 열을 빼앗아 간다. 더운 여름날 수영을 하고 물에서 나와 가만히 서면, 수건으로 몸을 닦기 전까지 시원한 기분을 느낄 수 있다. 물이 우리 몸에서 증발하기 때문이다. 물 1그램이 증발하는 데는 540칼로리가 필요한데, 이 칼로리는 우리 피부에서 빠져나가며 열 손실을 일으킨다. 몸이 다 마르면 다시 더워지기 시작한다.

냉장고도 똑같은 원리로 작동한다. 기체는 증발하며 열을 가져간다. 냉매가스는 압축기로 응축하는데, 어떤 가스든 압축하면 열이 발생한다. 냉장고 뒤에 있는 구불구불한 나선 모양의 튜브는 이 열기를 주변 공기로 식혀, 가스를 액체로 더 응축할 수 있게 돕는다. 이렇게 응축된 고압 액체 냉매는 팽창 밸브를 통해 나간다. 냉매는 바로 끓어 액체에서 기체로 변한다. 액체가 기체가 되면 열을 가져간다는 점을 기억하자. 이 과정은 음식이 들어 있는 냉장고 안의 열을 뺏는다. 구불구불한 증발 코일을 냉장고 안에 설치하는 방법도 있다(대개 냉동실이다). 코일이 많을수록, 열 교환 면적이 늘어난다. 마지막으로 압축기가 냉매가스를 빨아들이고 이 과정을 반복한다.

냉장고는 우리의 생활을 정말 많이 바꿨다! 냉장고의 기본적인 기능은 박테리아의 성장을 막는 것이다. 음식은 차가울 때 천천히 상한다. 우유는 부엌 식탁에 두면 2~3시간 만에 변질되지만, 냉장고에서는 2~3주 동안 신선함을 유지한다. 얼린 우유는 몇 달도 보관할 수 있다.

많은 산업용 냉장기기가 암모니아를 사용한다. 암모니아에는 독성이 있어 누출되면 사람을 죽일 수도 있다. 1930년대 듀폰사는 염화불화탄소(CFC)를 개발해 가정용 냉장고에 사용했다. 하지만 1970년대 CFC가 오존층을 파괴한다는 사실이 밝혀지자 국제 사회에서 단계적으로 사용을 금지했다. 냉매가스 종류 중 하나인 R-22는 40년간 사용됐지만, CFC와 마찬가지로 오존층을 파괴했다. 대기청정법이 제정돼 R-22 장비의 설치 및 운용 그리고 노후 장치 철거 시의 누출을 금지했다. 현재는 인간과 오존층 모두에 안전한 새로운 냉매를 사용한다. R-410A는 오존 친화적인 수소화불화탄소의 하나로, 오늘날 에어컨과 냉난방 장치에 널리 쓰이고 있다.

위조지폐 탐지 펜은 어떤 원리일까?

아주 좋은 질문이다. 나는 동네 사무용품점에서 MMF 인더스트리스사[9]가 만든 위조지폐 탐지 펜을 사서 직접 실험해 봤다.

설명을 보니 돈이 진짜면 펜이 밝은 금색으로 써지고, 위조지폐라면 검은색으로 써진다고 한다. 펜에 든 요오드 용액은 목재로 만든 종이의 녹말과 반응해 푸르스름한 검은색 선을 남긴다.

신문지나 판지 등 일반 종이는 목재로 만든다. 물론 인쇄용지나 재생지도 나무로 만드는 셈이니 마찬가지다.

종이는 나무를 쪼개 얻은 셀룰로스[10] 섬유로 가공한다. 하지만 종이돈은 헝겊처럼 주로 목화나 아마를 재료로 쓴다. 그래서 지폐는 녹말이 없고, 펜의 잉크가 밝은 금빛으로 써진다.

덧붙이면, 우리가 쓰는 지폐는 섬유가 아주 촘촘하게 붙어 있어, 물이 그 사이로 들어가지 못한다. 그래서 세탁기에 넣고 돌려도 멀쩡하다. (혹시 돈세탁이란 말도 이런 의미일까?) 일반 종이는 젖으면 셀룰로스 섬유가 풀어져 물을 흡수해 찢어진다.

---

9   사무, 은행 업무 관련 용품을 생산하는 미국의 기업이다.

10 셀룰로스(cellulose)란 수많은 포도당으로 이루어진 다당류의 하나로, 식물 세포막의 주요 성분이다. 섬유소라고도 하며 해조류 및 일부 해산동물에도 존재한다. 플라스틱, 접착제, 종이, 의류의 원료로 널리 쓰인다.

토스터에 있는 금속선은 어떻게 열을 얻고 유지할까?

토스터처럼 일상에서 쓰는 많은 물건은 단순해 보이지만, 사실 실용적이고 놀라운 과학의 원리가 숨겨져 있다. 토스터의 '비밀'은 알루미노규산염이 얇게 덮인 니크롬 선이다. 이 물질은 가격이 싸고 내화성이 있다. 실제로 토스터 내부를 들여다보면 니크롬 선이 빨개지는 걸 볼 수 있다. 니크롬 선은 니켈과 크롬의 합금이다. 헤어드라이어나 빨래 건조기, 전자레인지, 전기 난방기에 사용되는 선과 같다.

니크롬은 열을 잘 내는 두 가지 요소가 있다. 첫째, 전기 저항이 높다. 모든 물질은 원자로 이루어져 있는데, 원자 안에서는 아주 작은 음전자들이 밀도 높은 양성자의 핵을 마치 행성들이 태양을 돌듯 선회한다. 우리가 토스터에 공급하는 전압은 전자들이 전선 안에서 움직이게 하는 추진력이 된다. 전압은 배수관에 물이 흐르게 하는 수압과 같다. 토스터의 경우 전압이 전선 안의 전자들을 움직이게 한다. 그런데 전압이 니크롬 선에 주어져도 전자들은 원활하게 움직이지 못한다. 원자 안에서 핵 주변을 도는 대신 이동하려 하지만 니크롬의 저항이 높아 다른 원자와 부딪혀 진동하게 된다. 이런 진동으로 열이 생긴 니크롬 선은 적외선을 방출한다. 적외선은 빵을 마르게 하고 표면을 태운다. 이제 잘 구워진 빵에 버터와 잼만 바르면 된다!

니크롬의 두 번째 독특한 특징은 가열해도 산화하지 않는다는 점이다. 전구에 쓰는 텅스텐 필라멘트는 산소와 결합하면 불안정한 상태가 된다. 니크롬은 산소와 결합하지 않아 구조가 변하지 않는다. 이는 약해지거나 타지 않으면서 열을 발생시킨다는 뜻이다. 또 니크롬은 잘 녹슬지도 않아 우리는 쇠 맛이 나는 빵을 먹지 않을 수 있다!

그런데 토스터는 토스트가 다 됐는지 어떻게 알까? 예전에는 바이메탈 선을 이용해 열을 기계적인 움직임으로 바꾸는 방식을 사용했다. 바이메탈 선은 대개 황동과 강철, 두 개의 금속선을 붙여 만든다. 대부분 금속은 열을 가하면 늘어나고 식으면 수축하지만, 그 정도는 금속마다 다르다. 황동은 가열하면 철보다 더 늘어나 바이메탈 선에 열을 가하면 구부러진다. 비유하자면, 경주 트랙의 바깥쪽 코스처럼 늘어난 황동의 길이가 철보다 길어진다. 마침내 구부러진 선이 스위치를 누르고, 토스트가 튀어나온다. 온도 조절 장치도 같은 방법으로, 바이메탈 선이 보일러를 켜고 끄게 한다.

요즘 토스터들은 마이크로칩, 충전 콘덴서, 전자석을 조합한 단순한 회로를 사용한다. 콘덴서는 전자를 저장하는 장치다. 굽기의 정도를 조절하는 것은 가변 저항기다. 저항기는 전류가 흐르는 양을 조절하는 장치다. 콘덴서가 저항기를 통해 충전해, 일정 전압에 도달하면 전자석이 작동하고 토스트가 튕겨 나온다.

토스터는 빵을 더 오래 보관하고, 불을 피울 필요가 없게 했다. 최초로 시판에 성공한 토스터는 1909년 제너럴일렉트릭사가 만들었다. 자기에 열선을 배치한 방식이었는데, 수동으로 플러그를 뽑지 않으면 빵을 홀랑 태워 버렸다.

016

**핵 발전소를 왜 더 많이
짓지 않을까?**

일부에서는 핵 발전소 설립을 지지한다. 천연가스의 가격이 높은 데다 중동 석유 공급이 언제 다시 불안정해질지 모르는 상황이니, 원자력을 이용한 전기 발전에 대해 한번 들여다볼 필요가 있다.

우리의 소비를 충당할 만한 양의 전력을 생산하는 방법은 오직 세가지뿐이다. 다름 아닌 수력 발전, 석탄이나 천연가스 같은 화석 연료그리고 핵이다.

수력 발전은 상류에 댐을 만들어 환경에 해를 끼치지만 깨끗하고 재생 가능한, 가장 바람직한 전력 생산 방법이다. 하지만 발전소를 짓기좋은 높은 곳의 강들에는 이미 수력 발전소가 모두 들어서 있다. 그래서 미국에 추가로 수력 발전소를 짓는 건 실용적이지 않다. 다만 캐나다에 새 발전소를 짓는 건 가능하다. 공동 개발로 만들면 미래에 함께사용할 수 있다.

미국은 몇백 년 동안 사용할 석탄을 보유하고 있지만, 석탄은 환경비용이 매우 크다. 노천 채굴과 지하 탄광은 자연 경관을 해치고, 토사를 유출하며, 다이너마이트 사용의 위험이 따른다. 그리고 탄진폐증, 석면병, 폐기종 같은 병이나, 탄광 붕괴와 운송 기차 및 차량의 사고 등 많은 문제를 일으킨다.

석탄을 태울 때는 문제가 더 심각해진다. 석탄 발전소 하나가 일 년

평균 약 300만 톤의 이산화탄소를 배출하기 때문이다(이산화탄소는 온실가스를 내뿜어 지구 온난화를 일으킨다). 미국의 모든 석탄 연료 발전소는 일 년에 30억 톤이나 되는 이산화탄소를 방출한다. 천연가스 발전소가 내뿜는 이산화탄소는 석탄 발전소의 55퍼센트 정도다. 석탄은 이산화탄소를 배출할 뿐만 아니라 산성비의 원인이 되는 이산화황과 질소산화물을 엄청나게 내뿜고, 어류를 포함한 동식물과 환경에 악영향을 끼치는 수은도 방출한다.

그럼 우리는 왜 석탄을 쓸까? 어쩔 수가 없기 때문이다. 증가하는 인구와 높아지는 삶의 기준에 맞춰 전력을 공급하는 일은 매우 중요하다. 석탄 발전소는 미국의 공장들이 원활하게 돌아가게 한다. 저가의 전력은 미국 산업의 세계 경쟁력과 일자리 창출에도 중요한 역할을 한다. 하지만 석탄이 유일한 해답일까?

아마 핵 발전소 지지자들은 석탄은 모든 문제의 근원이며, 따라서 실행 가능한 대안은 원자력이라고 말할 것이다.

세상에는 공짜가 없다. 전력을 만드는 모든 원천과 방법에는 각각 장단점이 있다. 핵 발전소는 온실가스를 배출하지 않고도 엄청난 양의 에너지를 생산한다. 하지만 방사성 폐기물을 만들고 방사능 유출 사고의 위험이 따른다. 핵 발전소에 대한 논의는 이런 점 때문에 언제나 찬반 양론이 팽팽하다. 핵 발전소의 효율성에도 쉽게 많이 짓지 못하는 이유다.

017

야광봉은 어떤 원리일까?

야광봉은 화학 발광, 즉 화학물질로 빛을 내는 물체다. 열을 발생하지 않고 빛을 만들어 냉광이나 무열광(無熱光)으로도 불린다. 야광봉에 사용되는 화학물질 사일룸(Cyalume)은 독일의 화학자 H. O. 알브레히트가 1928년 발견한 발광 재료다.

야광물질에서 일어나는 반응은 다음과 같다. 원자가 에너지를 흡수하면, 원자의 일부 전자는 에너지 준위가 높은 궤도로 들어간다. 이것을 '들뜬상태'라고 하는데, 전자는 핵과 가까운 궤도(에너지 준위가 낮은 궤도)에 있을 때 가장 안정적이기 때문이다. 원자가 흡수한 에너지를 전자기복사로써 빛으로 내뿜으면, 전자들은 에너지 준위가 낮은 궤도로 돌아간다. 이것은 '바닥(기저)상태'라고 부른다.

야광봉은 막대를 구부리면 화학반응이 일어난다. 야광봉은 작은 유리병에 화학물질을 채워, 다른 화학물질이 들어 있는 원통형 플라스틱 용기에 넣은 구조다. 플라스틱 용기를 구부리면 내부의 유리병이 깨져 두 개의 화학물질이 섞이며 빛난다. 사일룸이 산화제인 과산화수소와 섞이며 방출하는 에너지를 형광 염료가 받아들여 빛으로 바꾸는 것이다.

언덕 아래 자전거가 있다고 생각해 보자. 자전거를 언덕 꼭대기에 가져가려면 힘을 들여야 한다. 에너지를 들이는 셈이다. 이제 언덕 꼭대기에 왔다. 힘쓰는 일은 끝났다. 언덕에서 내려갈 때는 에너지를 쓰지 않아도 된다. 이 상황을 전자로 비유하면 언덕에 올라가며 들인 에너지를 빛으로 보상받는 셈이다. 대부분 화학반응은 열을 발생시키지만, 일부는 빛을 방출한다.

야광봉을 만드는 제조법에는 몇 가지가 있다. 가장 흔한 판매용 야광봉은 과산화수소 용액과 다이페닐 옥살레이트 용액을 따로 담아 만든다. 막대의 벽에는 형광 염료가 칠해져 있다. 두 개의 화학물질이 분해돼 발생하는 에너지가 전자를 들뜬상태로 만들고 형광 염료를 빛나게 한다.

요즘에는 다양한 색의 야광봉을 판매한다. 한번은 빨간색, 녹색, 파란색의 야광봉을 사 선풍기 날개에 하나씩 붙이고 돌렸더니 흰색 빛이 나왔다. 빛의 삼원색은 빨강, 녹색, 파랑이다. 이 삼원색을 섞으면 흰색 빛이 나온다.

응급상황에 가장 흔히 쓰이는 야광봉은 녹색 빛이다. 녹색은 화학반응으로 만들기 가장 쉽고 또 싸다. 녹색은 빨강, 주황, 노랑, 초록, 파랑, 남색, 보라의 빛 스펙트럼 중 한가운데 있다. 우리의 눈은 녹색에 가장 민감하다.

혼자서 해 볼 만한 재미있는 실험이 있다. 녹색 야광봉을 준비하자. 대부분 문방구에 가면 있는데, 핼러윈 축제 시즌에 특히 구하기 쉽다. 막대를 구부려 빛이 나오게 한 다음, 하나는 따뜻한 물에 다른 하나는 차가운 물에 넣어 보자. 어느 쪽 빛이 더 오래갈까? 온도가 낮아지면 화학반응의 속도가 느려진다. 하지만 세상에 공짜는 없다! 찬물 속의 야광봉은 오래가지만 밝게 빛나지 않는다. 따뜻한 물속의 막대는 밝게 빛나지만, 지속하는 시간은 짧다.

018

터치 램프는 어떻게 작동할까?

세상에, 우리는 정말 게을러졌다. 이러다 휴대전화에 리모컨을 달아야 할지도 모르겠다! 터치 램프는 1985년 뉴욕주 프리포트에서 스콧 M. 쿠넨이 발명했다. 그는 1989년 콘센트와 램프의 플러그를 연결하여 램프를 조절하는 스위치 상자를 추가해 특허를 경신했다.

터치 램프는 사람 신체의 몇몇 특징에 반응해 작동하는데, 그중 하나가 체온이다. 몸은 대개 주변 공기나 물체보다 따뜻하다. 그래서 열 변화에 따라 저항을 바꿔 작동하는 열전대[11] 장치를 쓰는 스위치는 손의 온기로 작동된다. 복도나 창고에서 자동으로 전등을 켜 주는 동작 탐지 스위치도 사람의 체온을 감지해 작동한다.

순수한 물을 제외한 모든 물도 몸속 염분처럼 자유이온을 갖고 있어, 전기를 매우 잘 전달한다. 우리는 틈이 살짝 있는 금속 회로 스위치를 손가락으로 연결해 켤 수 있다. 패스트푸드점에 있는 장난감들이 이용하는 원리다.

대부분 터치 램프는 우리 몸의 전기 용량을 이용한다. 전기 용량은 말 그대로, 어떤 사물이 전자를 수용하는 수용력이다. 램프도 일정량의 전자를 갖는데, 당신이 램프를 만지는 순간 당신의 수용력이 램프에

---

11 두 가지 금속을 고리 모양으로 접합해 접점 사이의 온도 차이로 열기전력을 일으키게 하는 장치다.

더해진다. 이때 회로가 변화를 감지해 램프가 켜진다. 이 작은 모듈을 활용하면 모든 램프를 터치 램프로 바꿀 수 있다. 안테나를 손으로 만지면 신호가 더 강해지는 것도 같은 현상이다. FM보다 상대적으로 주파수가 약한 AM에 더 효과적이다. 사람의 몸이 라디오 안테나를 확장해 더 강한 신호를 끌어온다.

많은 터치 램프는 빛의 밝기를 조절할 수 있게 돼 있다. 스위치를 누를 때마다 밝기가 세지다가 네 번 누르면 램프가 꺼진다. 스위치, 즉 제어 장치는 듀티 사이클 내에서 램프 전구를 1초에도 몇 번씩 빠르게 켜고 끈다. 듀티 사이클은 신호나 시스템에 전류가 흐른 시간의 비율로, 보통 백분율로 나타낸다. 예를 들어, 듀티 사이클 50퍼센트는 전구를 켜 놓은 시간과 꺼 놓은 시간이 반반이라는 뜻이다.

가변 속도 전동 공구도 같은 방식으로 작동한다. 미국에서 사용하는 가변 속도 드릴 모터의 전압은 항상 120볼트(V) AC다. 회전력, 즉 토크를 유지하려면 120볼트라는 높은 전압이 필요하다. 모터에 전압을 전달하는 시간은 손잡이 방아쇠로 결정된다. 그리고 드릴의 회전 속도는 전압이 전달되는 시간으로 결정된다.

터치 램프의 장점은 편리함이다. 손, 팔, 원한다면 맨발로도 불을 켤 수 있다. 양손에 물건이 있을 때도 유용하다. 이 스위치는 예전에 사용하던 기계식 스위치처럼 먼지가 끼는 일도 없다. 먼지와 이물질은 접촉부 사이에 전기가 통하는 길을 열어 스파크를 일으키고, 스위치를 닳게 한다.

2장

매혹적인 화학의 세계로
들어가 보자

Ask a Science Teacher

019 냄새도 없는 일산화탄소가 왜 그렇게 위험할까?

일산화탄소(CO)는 탄소를 포함한 물질이 탈 때 발생한다. 위험 가스는 대부분 악취가 나서 우리에게 위험성을 먼저 알린다. 하지만 사람의 목숨을 위협하는 일산화탄소는 무색, 무취, 무미해 침묵의 암살자로 알려져 있다. 미국에서 중독 사망 사고의 주요한 원인이다.

미국 소비자제품안전위원회(CPSC)에 따르면, 미국에서 매년 170명이 일산화탄소에 노출되는 사고로 사망한다. 그리고 같은 사고로 병원에 방문하는 사람은 1만 명에 이른다. 또 매년 수백 명이 일산화탄소로 자살한다. 요즘 차량은 촉매 변환기를 설치해 일산화탄소를 76퍼센트 줄여, 차에서 배출되는 가스를 마시는 (의도되었거나 우연한) 사고는 감소했다. 일산화탄소는 대개 용광로, 난방기, 목재 연소 난로, 자동차 배기가스, 캠핑용 난로, 지게차, 가스 발전기, 용접기 등에서 배출된다. 일산화탄소 노출 사고는 대개 통풍을 제대로 안 해 일어난다.

몸에 들어간 일산화탄소는 산소를 운반하는 적혈구의 헤모글로빈에 달라붙는다. 산소보다 결합력이 200배 이상 강해 한 번 들이쉬면 일산화탄소가 헤모글로빈에 있는 산소를 내쫓고 그 자리를 차지한다. 실제로 일산화탄소를 흡입하면 산소 결핍을 일으킨다. 초기 증상이 두통, 메스꺼움, 피로 등으로 감기와 비슷해 더 위험한 상황을 초래하기도 한다. 상황이 지속되면 뇌 손상을 일으켜 사망하고 만다.

일산화탄소 탐지기는 대개 연기 탐지기와 일체형으로 20달러 정도면 살 수 있다. 많은 주에서 새로 건설한 집에 탐지기를 설치하도록 규정했다. 대부분 절연 세라믹 기판 위에 이산화물 감지 반도체를 달아 탐지하는 방식이다. 일산화탄소가 전기 저항을 낮춰 반도체의 얇은 선에 전류가 흐르면, 집적회로가 탐지해 알람을 울리게 한다.

집이나 사무실, 공장의 난방에 주로 쓰이는 천연가스는 냄새가 없고, 치명적이라는 점에서 일산화탄소와 비슷하다. 가스 회사들은 에틸 메르캅탄으로 만든 착취제를 첨가해, 천연가스가 누출되었을 때 냄새가 나게 한다.

020 양파를 자르면 왜 눈물이 날까?

양파를 썰거나 다질 때 양파의 세포에서 효소가 방출된다. 이렇게 나온 효소, 알리나아제와 최루 물질 신타아제는 함께 방출된 또 다른 물질, 아미노산 술폭시드를 분해한다. 이 반응은 불안정한 술펜산을 형성하는데, 술펜산은 휘발성 가스가 되며 안정화한다. 이 가스가 눈에 들어가면 우리 눈을 촉촉하게 유지해 주는 수분과 반응한다. 술펜산이 눈에서 눈물과 섞이면 자동차 배터리에 있는 독성물질인 황산을 형성한다. 황산을 감지한 우리 눈의 말단 신경은 즉시 뇌에 신호를 보내고,

뇌는 다시 눈물길에 '이 자극적인 물질을 희석해 우리 눈을 보호하라' 고 메시지를 보낸다. 그 결과 보호 수단으로 눈물이 흐르게 된다.

양파를 자를 때 울지 않으려면 양파 바로 위에 있지 않고 비켜서는 게 가장 좋은 방법이다. 주방에서 쓸 수 있는 다른 방법도 있다. 양파를 먼저 조리하고 자르면 가열하는 동안 일부 효소를 비활성화할 수 있다. 자르기 전에 양파를 냉장고에 넣었다가 사용해도 좋다. 렌즈나 고글을 끼는 것도 하나의 방법이다. 선풍기로 술펜산 가스를 날려 버릴 수도 있다. 흐르는 물에 대거나 물속에서 양파를 자르면 배출되는 가스가 눈에 닿기 전에 물과 반응해 눈물을 막을 수 있다. 주전자에서 나오는 수증기도 같은 효과를 낸다.

나는 농장에서 자랄 때 봄마다 마당에 있는 겨자무(서양고추냉이)를 뽑았다. 겨자무를 그라인더에 넣고 손잡이를 직접 돌렸던 기억이 아직도 생생하다. 어찌나 눈물이 나던지! 마당에 자생하던 겨자무였는데, 정말 억셌다. 실수로 눈에 손을 대면 정말 끔찍한 상황이 벌어졌다.

최루 물질은 겨자무보다 양파에 더 많다. 겨자무는 두 가지 물질이 반응한다. 시니그린, 즉 글루코시놀레이트와 미로시나제 효소다. 양파와 겨자무에 반응해 흘리는 눈물은 우리의 몸이 어떻게 위험에 반응하는지, 우리의 뇌가 화학물질을 어떻게 조율해 신체를 보호하는지 보여 주는 좋은 예다.

불꽃놀이의 색은 어떻게 만들까?

불꽃놀이의 불꽃은 화학과 물리의 여러 법칙을 활용해 만든다. 그중 불꽃의 색을 만드는 일은 모두 화학과 연관된다. 단순한 폭죽은 수백 년 전에 만들어졌다.[12] 미국에서는 독립 기념일인 7월 4일이나 새해 전날 박격포처럼 생긴 원통형 금속관, 즉 발사포로 폭죽[13]을 쏘아 올리는 모습을 종종 볼 수 있다.

불꽃놀이는 발사 후 타 들어가던 도화선이 일정한 고도에 이르렀을 때 시간 지연 도화선에 불을 붙여 흑색 화약을 폭발시키며 터진다. 흑색 화약은 목탄, 황, 질산칼륨으로 이루어지며, 관이나 공 모양으로 된

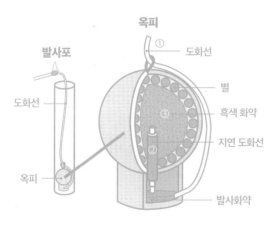

① 도화선이 발사화약에 불을 붙여 발사포에서 옥피를 발사한다.

② 옥피가 적당한 고도에 오를 때까지 지연 도화선이 바닥에서부터 천천히 타 들어간다.

③ 불꽃이 흑색 화약에 도달하면 옥피가 폭발하고 '별'에 불이 붙어 터진다.

---

12 7세기 초 중국 수나라 양제 시대부터 원시적인 형태의 불꽃놀이 폭죽이 있었다는 기록이 있다. 이때의 폭죽은 주로 전쟁, 방위 등의 신호로 사용되었다.

13 불꽃놀이에 쓰는 폭죽을 연화(煙火)라고 하고, 불꽃을 옥이라고 한다. 포탄, 폭탄, 수류탄 등에 채워져 폭발을 일으키는 화약은 작약(炸藥)이라고 부른다.

옥피(불꽃놀이의 껍질)는 종이로 되어 있다. 옥피 안에는 별(화학품이 채워진 점토 반죽)과 불이 매우 잘 붙는 흑색 화약이 가득 차 있다. 우리가 보는 아름다운 불꽃의 모양은 흑색 화약이 별에 불을 붙여 사방으로 퍼트린 결과물이다.

모든 원소는 각각의 특징과 빛띠(스펙트럼)를 갖는다. 그 특징은 각 원자의 핵을 감싼 전자구조로 결정된다. 원소나 화합물이 연소하면 원자에 에너지가 전해져 핵을 돌던 전자가 본래 궤도에서 멀어진다. 이 전자가 다시 집으로 돌아와 안정적인 상태가 될 때, 원자는 광자라고 불리는 작은 에너지를 내뿜는다. 광자는 빛으로, 어떤 궤도에 전자가 돌아오는지에 따라 색이 결정된다.

가장 얻기 쉬운 빛은 상대적으로 파장이 긴 빨강, 주황, 노랑이다. 가장 파장이 긴 빨강은 가시광선 중 에너지가 가장 적다. 염화스트론튬($SrCl_2$)은 연소할 때 빨간색 빛을 낸다. 염화칼슘($CaCl_2$)은 주황색, 나트륨염들은 노란색 빛을 낸다. 염화바륨($BaCl$)은 녹색, 염화제이구리($CuCl$)는 파란빛을 발한다. 청록색, 바다 녹색은 만들기 힘들다. 가장 얻기 힘든 색은 깊은 바다색과 같은 짙은 파랑이다. 짙은 파란색을 내는 데 필요한 화학물질은 안정적이지 않아 불꽃놀이에 사용하면 문제를 일으킨다.

또 옥피에는 밝거나 은은한 불꽃을 내는 알루미늄과 철, 강, 아연, 마그네슘도 포함돼 있다. 이 금속 조각들은 가열되면 밤하늘에서 놀라울 정도로 밝은 빛을 내뿜는다. 실제 대부분 불꽃은 다양한 화학물질을 조합해 만든다.

이 불꽃을 안전하게 이동하고 저장하는 게 가장 큰 문제다. 화학물질이 너무 불안정하면 현장에서 사용할 수 없다. 또 시간이 지나면 저절로 분해돼, 유통기한도 골치를 썩인다. 과학자들은 폭발 온도를 충분히 높이려고 수년간 노력하고 있다.

밝고 깊은 색을 내는 불꽃은 과학과 예술의 합작품이다. 타케오 시미즈의《물리학의 관점에서 본 불꽃놀이(Fireworks from a Physical Standpoint)》는 불꽃을 잘 설명한 책이니 관심이 있다면 읽어 보길 권한다.

022 물은 수소와 산소로 구성돼 있는데, 왜 타지 않을까?

물은 수소와 산소가 타고 남은 '재'이기 때문이다. 물체가 연소할 때 원자는 에너지 일부를 빛과 열 형태로 내보내고 저에너지 상태로 재배열된다. 우리가 보는 불꽃이나 폭발은 어떤 물체가 저에너지 상태로 전환하는 현상이다. 그리고 남는 에너지를 모두 내보낸 분자는 더는 타지 못하는 상태가 된다. 예를 들어, 나무는 불에 타지만 그 재에 다시 불이 붙지는 않는다. 재는 에너지가 최저에 이른 상태다.

하지만 이게 다가 아니다. 석탄, 가스, 석유, 셰일 오일 같은 화석 연료는 많은 양의 탄소를 포함한다. 이런 연료를 태우면 탄소가 공기 중의 산소와 결합해 수증기나 이산화탄소가 되는데, 이 둘은 타지 않는다. 이산화탄소는 대기에 열을 가둬 온난화를 유발한다.

이런 화석 연료들이 연소할 때 충분한 산소가 공급되지 않으면 일부 탄소가 일산화탄소를 형성한다. 일산화탄소는 푸른 불꽃을 일으키며 타는 유독성 가스다. 세정제와 식초에 들어가는 아세트산을 만들 때 사용되며 석탄을 가스로 바꿔 우리에게 소중한 연료를 공급하는 주요 산업 가스 중 하나지만, 사람이 마시면 아주 치명적이다.

수소는 산소와 함께 '연소'할 때 물을 형성한다. 이렇게 수소는 지금까지 알려진 물질 중 가장 깨끗하게 타는 연료다. 따라서 최고의 에너지 순환은 태양 에너지로 물을 수소와 산소로 쪼개(전기 분해), 수소를 연료로 쓰는 방법이다.

023 유리는 어떻게 만들까?

유리는 단단하고, 잘 깨지며, 속이 투명한 물질이다. 우리가 사용하는 유리 중 90퍼센트가 소다석회 실리카(이산화규소) 유리다. 소다석회 실리카는 75퍼센트가 이산화규소, 즉 보통 모래다. 소다는 탄산나트륨을 뜻하며, 석회는 석회석을 줄인 말로 대부분 탄산칼슘으로 이루어져 있다. 이 재료들을 모두 가스 연소 용광로(노)에 넣어 녹인다. 창유리는 녹은 액체 유리를 틴배스(금속 욕조) 위에 옮겨 평평하게 펴고, 표면에 질소 가스를 뿜어 매끄럽게 해서 만든다.

유리는 섭씨 1400~1600도에서 녹아 액체가 된다. 녹는점은 유리의 구성요소에 따라 다르다. 다시 말해, 녹기 시작하는 온도가 일정하지 않다. 정확히 섭씨 0도에서 물이 되는 얼음과 달리 유리는 상변화[14]를 거친다. 온도가 오를수록 점점 부드러워져 결국 액체가 돼 흐른다. 이런 성질을 이용해 원하는 모양대로 주조할 수 있다는 게 유리의 장점이다.

유리는 소다석회에 다른 재료를 첨가해 성질을 바꿀 수도 있다. 납이나 수석(燧石)을 넣으면 유리가 반짝인다. 붕소를 넣으면 내열성이 좋아져 요리에 적합한 붕규산 유리가 된다. 이 유리는 실험실에서도 많이 쓰이는데, 열팽창률이 매우 낮고 고온이나 저온의 물질을 담아도 깨지지 않는다. 우리에게 유리의 일종으로 널리 알려진 '파이렉스'는 사실 붕규산 유리 제품의 브랜드 이름이다. 산화란탄은 빛을 반사하는 성격이 있어 선글라스를 만드는 데 사용한다. 철은 창유리에 들어가 적외선 에너지를 흡수한다. 보통 유리의 모서리를 보면 녹색을 띠는데, 이것은 철에서 나타나는 색이다.

광학 장치에 쓰는 유리는 보통 저분산 크라운 유리나 밀도가 높은 고분산 플린트 유리로 만든다. 이때 유리는 통과하는 빛이 굴절되는 정도에 따라 선별된다. 분산은 유리를 통과하는 빛이 굴절률에 따라

---

14 물질이 온도, 압력, 외부 자기장 같은 일정한 외적 조건에 따라 기체, 고체, 액체의 상태에서 다른 상태로 바뀌는 현상을 말한다.

나누어져 나타나는 현상이다.

일반 유리는 크고 날카롭게 깨져 부상을 유발하지만, 강화 유리는 일반 유리보다 강하고 깨진다고 해도 파편이 매우 작아 안전한 편이다. 강화 유리는 자동차의 옆이나 뒷면의 유리로 사용되며 틀에 끼우지 않는 유리문에도 쓰인다.

유리는 단단하지만 간단히 고체라고 할 수는 없다. 유리가 고체냐 액체냐는 오랜 논란거리다. 미국의 제3대 대통령 토머스 제퍼슨이 살았던 몬티셀로 저택 유리는 밑 부분이 위보다 두껍다. 이런 변형은 유리가 액체라서 물처럼 흐른다는 주장에 힘을 실어 준다. 사실 유리는 고체, 액체의 성질을 다 가지고 있다.[15]

최초의 유리는 인간이 아닌 자연이 만들었다. 고대에 번개가 평범한 규사에 내리쳤고, 그 열로 알갱이들이 녹아 유리가 됐다. '풀구라이트(삼전암)'는 번개로 생긴 천연 유리관이다. 가장 긴 풀구라이트는 미국 플로리다주에서 발견됐는데, 길이가 약 5미터에 달한다.

화산에서 발견되는 검은 유리는 흑요석이다. 흑요석은 용암이 급속도로 식으면서 만들어지는데, 아주 작은 유리질의 입자를 갖는다. 몇 개의 분자 단위로 얇게 조각나기도 하는 흑요석은 고대인이 사냥용 화살촉을 만들기에 아주 적합했다. 현대 의학에서는 심장 수술에 쓰는 메스를 만들기도 한다. 흑요석 날은 금속 날보다 몇 배나 날카롭다.

---

15 기체, 고체, 액체는 원자나 분자의 구조로 나뉜다. 유리는 고체 상태로 있지만 분자 구조는 결정이 없는 액체이다. 상온에서도 아주 천천히 흐른다.

내가 사는 토마는 유리와 관련이 깊다. 동쪽 끝 공업 단지에 카디널 사의 IG(절연 유리)와 TG(강화 유리) 공장이 있다. 절연 유리 공장에서는 주로 건물의 창문에 사용하는 저방사 이중 유리를 만든다. 이 유리는 한쪽 내부 표면에 눈에 보이지 않게 얇은 금속처리를 해 열 전달을 막는다. 덕분에 빛은 통과하지만 열은 통과하지 못한다.

024 음식의 칼로리는 어떻게 계산할까?

칼로리(cal)는 열에너지의 단위다. 정확히 1칼로리는 14.5도의 물 1그램을 섭씨 1도(화씨 1.8도) 올리는 데 필요한 열이다. 1그램은 건포도 한 알 정도의 무게이며, 1칼로리는 과학에서 흔히 사용하는 단위로 나타내면 4.2J(줄)에 해당한다.

비슷한 영국 단위로는 B.T.U.(British Thermal Unit)가 있는데, 이는 1파운드(약 454그램)의 물을 화씨(°F) 1도(섭씨 0.556도) 올리는 데 필요한 열량이다. 최근 들어 영국에서도 칼로리를 쓰고 있어, B.T.U.는 사라지는 추세다. 하지만 미국에서는 아직도 에어컨이나 보일러에 B.T.U.를 사용해 등급을 매기고 있다.

우리는 '칼로리' 하면 음식을 먼저 떠올린다. 사실 음식의 열량을 나타내는 단위는 킬로칼로리인데, 우리는 종종 '킬로'를 생략하는 경향이 있다(1000cal=1kcal). 만약 도넛이 300칼로리라고 한다면, 그것은 실제로는 300킬로칼로리라는 뜻이다. 이때 킬로칼로리는 대문자 C로 표시하기도 한다. 운동에도 똑같이 적용된다. 러닝머신 화면에 500칼로리를 소모했다고 나오면, 실제로 소모한 열량은 500킬로칼로리다.

나는 평소에 퀘이커사의 오트밀을 이틀에 한 번씩 먹는다. 원통형 모양의 상자에는 1회 제공량의 열량이 150칼로리로 표시돼 있다. 오트밀 40그램을 그릇에 담고 불을 붙이면 그 열로 물 150킬로그램의 온도를 섭씨 1도 올릴 수 있다는 뜻이다.

과학자들은 음식의 칼로리를 봄베열량계로 측정한다. 이것은 점화선, 온도계, 산소주입구, 물이 든 단열 용기로 구성된다. 측정을 위해서는 단열 용기 안의 반응 용기에 음식 샘플을 넣고 전기로 열량계를 점화해 음식을 태운다. 그리고 가열된 물의 양과 온도의 변화를 확인해 칼로리 함량을 계산한다.

음식의 칼로리는 그 음식에 담긴 잠재적 에너지를 보여 준다. 인간은 움직이고, 숨 쉬고, 혈액을 순환하기 위해, 즉 살기 위해 에너지가 필요하다. 음식은 탄수화물, 단백질, 지방으로 구성된다. 1그램의 탄수화물은 4칼로리의 열량을 낸다. 1그램의 단백질도 역시 4칼로리다. 지방 1그램은 9칼로리의 열량을 갖고 있다. 우리 몸은 효소를 사용해 탄수화물을 포도당으로, 지방을 글리세롤과 지방산으로, 단백질을 아미노산으로 분해함으로써 칼로리들을 '태운'다. 그리고 이런 성분들은 모두 혈관을 통해 세포로 전달된다.

휘발유는 어떻게 만들어지고
어떻게 차를 움직일까?

휘발유는 우리가 영화에서 흔히 보듯이 땅에서 나오는 검고 걸쭉한 액체인 원유를 증류하거나 증류한 후 화학 처리하여 얻은 것이다. 우리는 원유를 화석 연료라고 하는데, 이것이 선사시대 식물과 동물의 잔해가 부식돼 만들어지기 때문이다.

원유는 수소와 탄소 원자가 긴 고리를 이루는 탄화수소 분자들로 형성돼 있다. 원유는 그 자체로는 사용하기 힘들다. 원유는 다양한 길이의 서로 다른 종류의 탄화수소 분자로 이루어져 있어 정제가 필요하다. 이 탄화수소들은 끓는점이 달라 분별 증류법을 써서 분류할 수 있다. 원유가 기체가 될 때까지 열을 가한 뒤 휘발유, 등유, 윤활유, 제트 연료, 중유, 타르, 왁스, 아스팔트로 구분해 응축하는 방법이다.

휘발유를 산소와 함께 엔진에서 태우면 놀라운 일이 벌어진다. 탄소 원자에서 이산화탄소가, 수소 원자에서 물이 생기는데, 엄청난 열도 함께 발생한다. 자동차 엔진은 하나의 열기관이다. 열로 피스톤을 움직이고 축을 돌리고, 바퀴를 움직여 우리를 목적지로 데려간다. 이 모든 일을 휘발유가 가능하게 한다! 휘발유로 동력을 만드는 최고의 방법은 이처럼 엔진 내부에서 태우는 것이다. 이렇게 내부에서 연소가 일어나는 장치를 내연기관이라고 한다.

휘발유는 정말 멋진 연료지만 문제점도 다양하다. 자동차 엔진은 완벽하지 않다. 이상적인 엔진은 열과 수증기, 이산화탄소만 발생시키겠지만, 실제 엔진은 유독성 가스인 일산화탄소와 스모그를 일으키는 질소산화물도 내뿜는다. 또 엔진은 연소되지 않은 탄화수소도 내보내, 건강에 해로운 지상 오존을 형성하게 한다.

휘발유 1갤런(3.8리터)이 탈 때마다 이산화탄소 약 9킬로그램이 공기 중으로 방출된다. 배기관으로 나오는 이산화탄소는 우리 눈에 보이지는 않지만, 대기 중에 너무 많이 존재하면 온실효과와 기후 변화를 일으킨다.

대부분 차와 트럭은 휘발유를 동력으로 바꾸기 위해 사행정 사이클을 적용한다. 사이클은 흡기-압축-연소-배기 과정으로, 이때 크랭크

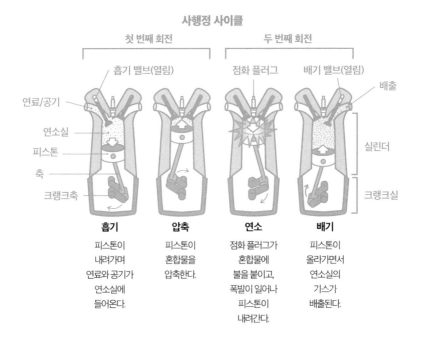

사행정 사이클

첫 번째 회전   두 번째 회전

흡기 밸브(열림)   점화 플러그   배기 밸브(열림)

연료/공기   배출

연소실

피스톤

축   실린더

크랭크축   크랭크실

흡기	압축	연소	배기
피스톤이 내려가며 연료와 공기가 연소실에 들어온다.	피스톤이 혼합물을 압축한다.	점화 플러그가 혼합물에 불을 붙이고, 폭발이 일어나 피스톤이 내려간다.	피스톤이 올라가면서 연소실의 가스가 배출된다.

축은 2회 회전한다. 사행정 사이클 기관은 독일의 기계 기술자 니콜라우스 오토의 이름을 따 '오토 사이클'로도 불린다. 그는 1876년 사행정 사이클 기관을 기반으로 한 최초의 엔진을 제작했다.

내연기관의 기본 원리는 우리가 물리 시간에 만들었던 감자 대포와 같다. 소량의 고에너지 연료를 밀폐된 공간에서 연소하면 가스가 팽창하면서 엄청난 힘이 발생한다. 엔진에서는 팽창하는 가스가 감자를 수십 미터 날려 버리는 대신 피스톤을 밀고 크랭크축을 회전시켜 자동차의 바퀴를 굴리는 동력으로 전환된다. 이 폭발은 분당 수백 번 일어나며 차바퀴를 부드럽게 회전시킨다.

휘발유는 엄청난 에너지를 갖고 있다. 1갤런의 휘발유는 1500와트 히터를 24시간 돌리거나 가정용 보일러를 12시간 돌릴 수 있다. 1갤런의 휘발유는 음식과 비교하자면, 맥도날드 햄버거 100개가 넘는 3만 칼로리의 열량을 포함한다. 미국은 매년 1300억 갤런의 휘발유를 소비한다.

026 불이란 뭘까?

고대 그리스인은 세상이 공기, 흙, 불 그리고 물, 이 네 가지 원소로 이루어졌다고 생각했다. 공기와 흙, 물이 물질을 형성하고 불이 화학작용을 일으켜 물질을 변화시킨다고 여겼다. 불은 산소가 나무나 휘발유

같은 연료와 반응하여 나타난다. 다행히도 나무나 휘발유는 산소와 접촉한다고 곧바로 불이 붙지는 않는다. 불을 얻으려면 연료가 특정 온도에 도달해야 하는데, 이 온도를 발화점이라고 한다.

나무는 반드시 섭씨 260도 이상이 되어야 불에 탄다. 이 발화점에 이르는 방법은 다양하다. 낙뢰를 맞거나, 햇빛을 집중적으로 받거나, 심한 마찰이 일어나거나, 이미 타고 있는 물질의 표면에 닿으면 된다. 강한 열은 섬유소를 분해해 가스를 내뿜는데, 우리는 이걸 연기라고 부른다. 연기는 수소, 산소, 탄소로 이루어져 있다.

나무가 타면 두 가지 물질이 남는다. 먼저 숯은 순수한 탄소에 가깝다. 그리고 재는 나무속에 있는 타지 않는 물질의 집합으로 대부분 칼슘, 철, 칼리다. 우리가 야외에서 음식을 해 먹을 때 사용하는 숯은 나무를 충분히 가열해 연기를 모두 날려 만든다. 그래서 탈 때 연기가 매우 적게 난다. 숯을 이루는 탄소는 산소와 결합한다(연소). 반응은 아주 느려, 숯을 몇 시간이나 타게 한다.

나무가 가스(연기)를 분출하거나, 탄소가 숯을 만드는 이 두 가지 화학반응은 아주 많은 열을 발생시켜 불을 유지한다. 반면 가솔린은 탈 때 한 가지 과정만 거친다. 열이 가솔린을 증발시킨다. 가솔린은 뜨겁고 불안정한 기체로 탄다. 숯도 생기지 않고, 연기도 아주 적게 난다.

불을 끄려면 열이나 연료 중 하나를 제거하거나 둘 다 제거해야 한다. 소방관들은 열을 없애기 위해 화재 현장에 물을 붓는다. 역화는 화재의 위험 요인을 사전에 제거하는 방식으로, 미국 서부의 주들이 거대한 산불을 막기 위해 자주 사용한다. 불길이 번지는 방향에 불을 질러

탈 만한 것들을 미리 없애 산불의 방향을 바꾼다. 화재는 숲과 마을을 파괴하고 허리케인, 토네이도, 홍수 같은 자연재해보다 더 많은 사람을 죽게 한다. 불은 수 세기 동안 전쟁에서 무기로 사용됐다.

불은 바르게만 사용한다면 인간의 충실한 하인이 된다. 우리를 따뜻하게 하고, 음식을 조리할 수 있게 도와주며, 밤에 빛을 주고, 금속을 녹여 도구를 만들 수 있게 하며, 또 발전소를 돌릴 수 있게 한다. 물에 열을 가해 증기를 만들어 산업혁명을 일으키기도 했다. 우리의 삶을 더 편하게 만들고, 음식도 풍부하게 해 준다. 불은 오래된 숲을 태워 새로운 씨앗들이 깨어나게 해 어린 식물들이 자라는 숲으로 재생해 준다. 교통기관의 동력원이기도 하다. 인류는 불을 길들여 유용하게 사용해 왔다.

027 불꽃의 어느 부분이 가장 뜨거울까?

짧게 대답하면, 파란 불꽃의 끝부분이 가장 뜨겁다. 정확히 분석하려면 생각보다 상당히 복잡하다. 담배에 붙은 불인지, 촛불인지, 램프에서 타는 불인지, 숯불의 불꽃인지에 따라 다르다. 원뿔 모양으로 타는 불꽃은 질량을 가진 물체처럼 보이지만 사실 실체가 없다. 눈에 보이는 바깥층은 약 1밀리미터 정도로 동전 두께와 비슷하다. 불꽃 중심의 텅 빈 공간은 연료 가스와 공기가 위로 향하며 연소하는 부분이다.

여기서 복잡해지기 시작한다. 연소하는 동안 원자는 고에너지 상태가 된다. 열로 인해 전자들은 핵에서 먼 궤도로 옮겨간다. 그리고 다시 전자들이 원래 궤도로 돌아올 때 원자가 빛을 방출한다. 불꽃의 색은 타는 기체 속 원자의 전자들이 내는 에너지에서 나온다. 각각의 색은 특정 진동수를 갖는데, 방출되는 에너지의 양과 관련된다. 빨강, 주황, 노랑 불꽃은 저진동, 저에너지, 낮은 온도를 특징으로 한다. 파랑이나 보라는 높은 진동수, 고에너지, 높은 온도를 지닌다. 그래서 불꽃의 파란 부분이 가장 뜨겁다.

촛불이나 가스 같은 탄화수소 불꽃의 색은 연료와 섞이는 산소나 공기에 영향을 받는다. 만약 연료가 필요 이상의 산소를 갖게 되면, 불꽃은 파랗게 보인다. 반대로 산소가 부족해지면, 불꽃은 주황이나 노란색으로 변한다. 탄소 입자는 불꽃에서 생기고 가열된다. 타 버린 탄소로 구성된 그을음 입자는 노란 불꽃의 가장자리에 검은색으로 자주 나타난다.

예전부터 대장장이들은 불꽃의 온도와 색의 속성을 이해했다. 그들은 파란색-흰색의 불꽃이 가장 뜨겁다는 사실을 잘 알았다. 또 필요 이상의 산소를 주입해 뜨거운 불꽃을 만들기도 했다. 바로 풀무가 용광로에 공기를 더 집어넣기 위해 사용한 장치다. 먼저 뜨거운 불로 강철을 녹이거나 부드럽게 만들어야 망치로 두들겨 모양을 잡기 편하다.

보통 연구소에는 천연가스(메탄)나 프로판 혹은 부탄가스를 이용해 불꽃을 만드는 분젠 버너가 설비돼 있다. 독일의 화학자 로버트 분젠의 이름을 딴 장비로, 그는 1855년 가스와 공기를 안전하게 혼합하는 신형 버너를 만들었다. 페테르 데사가라는 하이델베르크대학교 연구소의 계기 제작자가 마이클 패러데이가 만든 버너를 완벽하게 보완한 덕분에 가능했던 일이었다. 요즘 학생들은 분젠 버너를 이용해 공기의 흐름을 수정하여 노란색이 아닌 파란색 불꽃을 내는 법을 배운다.

불꽃 안의 뜨거운 가스는 주변 공기보다 밀도가 훨씬 낮다. 그래서 지구의 중력 안에서 불꽃은 위로 향해 뻗는다. 하지만 우주정거장 안에서, 즉 무중력 상태에서는 아름다운 구체 모양을 형성한다.

028 납은 무엇으로 이루어져 있을까?

납은 모든 원소가 납 자체만으로 이루어져 있다. 납은 파란빛이 도는 흰색의 윤기가 흐르는 금속으로 아주 부드럽고 가단성이 있다. '가단성'이란 쉽게 펴 늘일 수 있는 성질을 말한다. 납은 전기가 잘 통하지 않는 몇 안 되는 금속 중 하나다. 납은 무겁다. 물보다 밀도가 11.3배나 높다. 아이스크림 큰 통(5쿼트) 한 개 부피의 납은 무게가 55킬로그램이나 된다. 납은 우라늄-235와 우라늄-238이 자연 상태에서 방사성 붕괴로 만들어지는 물질이다.

납의 기호는 Pb이며 라틴어로 '액체 은'이라는 뜻을 가진 단어 '플럼범(plumbum)'에서 기원했다. 주기율표 원자 번호 82번으로 원자량은 207.2이다. 납은 아주 오래전부터 사용한 금속으로 성경의 출애굽기에도 언급돼 있다. 연금술사들은 수 세기 동안 납을 금으로 만들려 시도했지만, 한 번도 성공하지 못했다.

납은 부식에 매우 강해 오랜 기간 배관에 사용됐다. 고고학자들이 로마 황제의 휘장이 새겨진 납 파이프를 발견하기도 했다. 납 파이프는 아직도 많은 가정에서 화장실 배수관으로 쓴다.

납 합금은 백랍과 연납(땜납)으로도 쓴다. 테트라에틸납은 휘발유에 첨가해 엔진의 노킹[16]을 예방하는 데 수년간 써 왔지만, 독성이 있어 현재는 대부분 사용이 금지됐다. 납은 자동차나 트럭에 사용하는 축전지의 주요 부품이기도 하다.

납은 소음기로도 탁월하다. 또 방사선을 효과적으로 막아 핵 장치나 X-레이 장비를 막는 방패로도 쓴다. 텔레비전 화면과 컴퓨터 화면의 복사선을 줄이는 데 쓰고, 안경 렌즈의 결함을 고치는 데도 쓴다. 또 크리스털 유리를 만드는 재료로도 쓴다. 수많은 탄약도 납을 포함한다. 납은 낚싯줄에 매다는 봉돌로도 쓰고, 건설업에서 다림추로도 쓴다.

하지만 아주 적은 양의 납에도 독성이 있다. 납 중독은 사람의 뇌와 신경계통에 손상을 입힌다. 어른들이 납에 노출되면 고혈압, 신경 질환, 신장 질환을 일으키고 임신에도 문제가 생긴다. 몸과 신경계가 덜 자란 아이들은 납 중독에 더 치명적이다. 아이들은 물건을 입에 대는 경향이 있어, 벗겨진 페인트에 들어 있던 납이 몸속으로 들어갈 수 있

---

16 내연기관의 실린더 안에서 연료가 비정상적으로 연소하면서 생기는 폭발로, 금속을 두드리는 것과 같은 소리가 난다.

다. 아이들이 납에 노출되면 지능 저하, 학습 능력 감소, 행동 장애를 겪을 수 있다. 납은 많은 이점과 장점이 있다. 유용한 제품을 만드는 데 사용되지만, 독성을 가진 못된 녀석이라 세심한 주의가 필요하다!

029 얼음은 왜 물 위를 떠다닐까?

간단히 말하면, 얼음은 물보다 밀도가 낮기 때문이다. 질문을 이렇게 바꿔 보자. 물은 왜 고체 상태인 얼음일 때보다 액체 상태일 때 더 밀도가 높을까? 물이 얼 때 어떤 반응이 일어나는 게 분명하다.

물 분자 하나는 수소 원자 두 개와 산소 원자 한 개로 이루어진다(H_2O). 수소 원자는 약간 양성이고 산소 원자는 약간 음성이다. 상온에서 물 분자는 자유롭게 배열되고 움직이는데, 액체 상태의 물질에 이런 특성이 있다.

하지만 기온이 섭씨 0도가 되면, 분자들이 벌집 구조의 육각형을 이루며 얼기 시작한다. 양성의 수소 원자가 음성의 산소 원자를 끌어당기는 수소결합이 강해지는 것이다. 이 현상은 분자의 움직임을 둔화시키고 부피를 더 차지하게 한다(하나의 분자가 이웃할 수 있는 분자 수가 제한되어 분자 간의 틈이 커진다). 얼음은 물과 질량은 같지만, 부피가 더 크기 때문에 밀도가 낮아 물 위에 뜨게 된다(밀도=질량/부피).

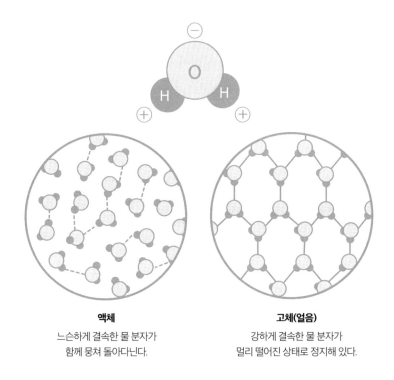

액체
느슨하게 결속한 물 분자가
함께 뭉쳐 돌아다닌다.

고체(얼음)
강하게 결속한 물 분자가
멀리 떨어진 상태로 정지해 있다.

얼음은 소금을 뿌리면 녹는다. 소금은 염화나트륨이나 NaCl로 표기한다(겨울에 도로에 뿌리는 건 염화칼륨이지만 화학반응은 같다). 염화나트륨의 나트륨 원자는 미세한 양성을 띠고 염화물 원자는 미세한 음성을 띤다. 그리고 염화나트륨이 물에 녹으면서 만들어진 나트륨 이온과 염소 이온은 물 분자의 수소결합을 방해한다. 염화나트륨에 얼음이 녹는 것은 양성의 수소 원자와 음성의 산소 원자가 결속해 단단하게 이룬 벌집 구조가 해체되기 때문이다.

물은 다른 물질이 섞이면 어는점이 낮아진다. 염화나트륨도 얼음을 녹인 물의 농도를 높여 어는점을 낮아지게 한다. 그래서 이 물을 다시 얼리려면 원래 물의 어는점인 섭씨 0도 아래로 온도를 낮춰야 한다.

지구의 얼음 대부분은 빙하라고 불리는 거대한 판에 몰려 있다. 지구의 얼음 중 약 90퍼센트를 차지하는 가장 큰 빙하는 남극 대륙을 대부분 덮고 있다. 만약 이 얼음이 모두 녹으면 대양은 약 60미터 정도 높아진다.

여기 재미있는 실험이 있다. 물컵에 물을 채우고 얼음 조각을 넣어 보자. 당연히 얼음은 물 위에 뜬다. 이제 약국에서 의약품이나 공업 원료로 사용되는 아이소프로필알코올을 사서 물컵을 채우고 얼음 조각을 넣어 보자. 얼음은 어떻게 될까? 알코올은 물이나 얼음보다 밀도가 낮다. 얼음 조각은 알코올보다 밀도가 높아 가라앉는다.

030 공기 중에서 어떻게 산소만 걸러서 산소탱크에 넣는 걸까?

산소를 병이나 탱크에 넣는 방법은 크게 세 가지가 있다.

가장 흔히 사용하는 방법은 분별 증류다(기술자들이 공기를 분류하는 방식을 '있어 보이게' 표현한 말이다). 먼저 산소와 질소의 비중이 높은 공기를 압축하고, 차갑게 식혀 액체화한다. 그 후 질소를 수증기, 즉 기체로 만들어 날려 보내 산소만 남긴다.

그다음으로 많이 사용하는 방법은 가압교대흡착(PSA) 공정이다. 이 공정은 깨끗하고 건조한 공기를 두 겹으로 된 제올라이트 체에 통과시킨다. 제올라이트는 작은 규산알루미늄 광석으로 질소는 흡수하지만 산소는 흡수하지 않는다.

산소를 얻는 또 다른 방법은 전기 분해로, 자주 사용하지는 않는다. 이 방식은 물에 전류를 직접 흘려 물 분자를 산소와 수소로 나누는 것인데, 물리 혹은 화학 수업에서 자주 시연된다.

산소는 우주에서 수소와 헬륨에 이어 세 번째로 많은 원소다. 산소는 물과 공기, 지각에도 포함돼 있다. 상온에서 자유 가스로 존재하며 냄새나 맛, 색은 없다. 모든 동물과 식물은 생존을 위해 산소가 필요하며, 결핍되면 질식한다. 산소는 호흡의 핵심요소다. 동물은 산소를 마시고 이산화탄소를 내뿜는다. 반대로 식물은 광합성 과정을 통해 이산화탄소를 흡수하고 산소를 내뿜는다.

무게로 따지면 산소는 우리가 마시는 공기의 약 21퍼센트를 차지한다. 그리고 토양과 모래에 가장 풍부하게 포함된 원소 중 하나다. 토양의 50퍼센트는 빈 공간으로 이루어져 있고, 이 공간은 물과 공기로 채워진다. 산소는 물과 공기에 모두 들어 있다. 따져 보면, 산소는 우리가 마시는 공기보다 토양에 더 많이 있는 셈이다!

산소의 화학기호는 O이며, 핵에 양성자가 여덟 개 있어 원자 번호는 8이다. 일반적인 산소 분자 하나는 산소 원자 두 개로 이루어져 O_2로 표기한다. 산소의 다른 형태인 오존(O_3)은 대기의 높은 곳에서 층을 이뤄 우리를 자외선으로부터 보호해 준다. 하지만 땅 위에 있는 오존은 오염물질이며, 스모그의 구성요소가 된다.

산소는 대체로 절연 탱크 트럭에 액체 형태로 이송된다. 미국에서는 고속도로 위에 이 트럭이 다니는 모습을 쉽게 볼 수 있다. 병원이나 공장에 있는 액체산소 탱크를 채울 산소를 운반하는 것이다. 산소는 가스 형태보다 액체로 이송하는 게 훨씬 경제적이다. 산소를 녹색 원통에 담아 쓰기도 하는데, 간혹 호흡기에 문제가 있는 사람들이 이 작은 산소통을 들거나 끌고 다니는 모습을 볼 수 있다. 또 산소를 기체 형태로 아세틸렌과 함께 통에 담아 절단 토치에 쓰기도 한다.

우주왕복선은 커다란 외부 탱크에 액체산소 탱크와 수소 탱크를 실어 발사할 때 세 개의 주요 엔진에 연료를 공급한다. 그 뒤 외부 탱크는 공중에서 분리돼 바다에 떨어진다. 달에 가기 위해 발사된 아폴로 13호는 액체산소 탱크가 폭발하는 사고를 당했다. 우주비행사들은 달 착륙을 포기하고 가까스로 지구에 안전히 돌아왔다.

031 이스트는 왜 오븐에서 부풀까?

이스트는 단일 세포 곰팡이(출아형 효모)로, 맥주나 와인을 발효할 때 쓴다. 살아 있는 이스트도 구매할 수 있는데, 저장 수명이 매우 짧으니 냉장 보관해야 한다. 말린 이스트는 오래 저장할 수 있지만 사용하기 전에 미리 따뜻한 물에 담가 둬야 한다.

빵을 만드는 재료는 밀가루, 소금, 설탕 그리고 이스트다. 이스트는 설탕을 흡수하고 이산화탄소 거품과 약간의 에틸알코올을 배출한다. 이 때 나온 이산화탄소가 반죽 속에 남아 빵을 부풀게 한다. 이 과정은 몇 시간이 걸린다. 이스트는 고온의 오븐에서 다시 반응한다. 빵 반죽이 오븐에 들어가면 처음 몇 분 동안 부풀게 되는 이유다. 이스트 효모는 뜨거운 제빵 과정을 거치며 결국 죽게 된다. 소금은 빵이 지나치게 팽창하는 걸 막는 역할을 한다. 그래서 조리할 때 소금과 설탕을 약간씩 넣어 균형을 맞춰야 한다. 쇼트닝과 동물성 지방도 이스트의 반응을 느리게 해, 간이 된 빵이나 버터가 들어간 빵은 보통 빵만큼 팽창하지 않는다.

효모를 뜻하는 영어 단어 '리븐(leaven)'은 대상에 무언가를 추가해 가볍고 부드럽게 변화를 줬을 때 쓰기도 한다. 효모는 고체나 액체에 갇혀 가스 주머니를 형성한다. 이런 팽창제는 250년 전으로 거슬러 올라가 사워 도우(sourdough), 즉 산성 반죽을 만들 때 처음 쓰였다.

산성 반죽에는 사카로미세스와 락토바실러스 박테리아 배양균이 들어 있다. 반죽에 든 젖산은 빵이 톡 쏘는 신맛이 나게 한다. 산성 반죽은 이런 효모 배양균이 든 스타터 도우(시작용 반죽) 약간에 밀가루와 물을 새로 추가해 만든다. 이렇게 완성한 반죽은 일부를 떼 다음에 빵을 만들 때 스타터 도우로 쓴다.

산성 반죽 빵은 1840년대 후반에서 1850년대 초반까지 있었던 캘리포니아주 골드러시와 1890년대 후반 알래스카주 골드러시 때 주식으로 쓰였다. 이 빵은 당시 흔했지만 중요하게 여겨져, 금 시굴자들을 상징하는 별명이 되기도 했다.

100칸이 넘는 기차에 붙은 표지 '용융 황'은 무슨 뜻일까?

용융 황은 섭씨 112도에서 붉은 액체가 되는 물질이다. 황을 이송할 때는 응고를 막기 위해 143도 이상을 유지한다. 고체일 때보다 액체일 때 다루기 쉽고, 이동하기도 쉽다.

황은 황산을 제조할 때 사용하는 중요한 산업 원료다. 황은 다양한 중합체(폴리머)를 만드는 데 사용하는 황화수소를 이루고, 동물 가죽에서 털을 제거할 때도 쓰인다.

용융 황은 짚과 목제섬유를 표백하는 이산화황과 아황산나트륨을 만들 때 사용한다. 또 제지산업에서 목재펄프에 있는 리그닌을 제거하는 데도 쓴다. 리그닌은 식물의 물관부에 다량으로 존재하는 고분자 중합제(유기 폴리머)로서, 식물 조직을 지지하는 중요한 물질이다. 용융 황은 타이어를 만드는 데도 주요 재료로 쓰인다. 가황[17]이라고 불리는 고온 처리 과정에 첨가된다. 고무는 폴리머 분자가 다른 폴리머 분자와 가교 결합[18]하는 화학 공정을 거치면 질기고 부드러워진다. 또 내구성이 강화되고 화학 침식에 대한 저항성도 높아진다. 가황은 영어로 '불카니제이션(vulcanization)'이라고 하는데, 이는 로마 신화 속의 대장장이 신 불카

---

17 원래 탄성을 위해 황을 넣은 생고무를 가열하는 공정을 의미했으나, 현재는 플라스틱 같은 가소성 물질을 탄성물질로 변화시키는 공정을 통틀어 일컫는다.

18 분자와 분자가 완전한 화학 결합을 형성한 상태를 말한다.

누스(vulcan)에서 따온 이름이다. 황은 호스, 하키 퍽, 신발 밑창과 다른 제품들에도 들어간다. 용융 황은 흑색 화약, 살충제, 제약에도 활용된다.

황을 에너지원으로 사용하는 황환원세균은 황화수소를 대량으로 만들어 낸다. 이 박테리아는 산소가 필요하지 않아, 깊은 물이나 연수기, 온수기, 배관 장치에서도 잘 자란다. 놀랍게도 모든 급수 시설의 뜨거운 물에도 산다. 황화수소는 달걀 썩은 냄새가 난다. 이 황화수소 박테리아는 물에서 나는 나쁜 냄새의 주범이다.

황(Sulfur)은 영어권에서 두 가지 철자를 쓴다. 하나는 'Sulfur'고, 다른 하나는 'Sulphur'다. 미국에서는 f를 쓰는 Sulfur가 흔히 사용되고, 영국에서는 ph를 사용하는 Sulphur가 주로 사용된다.

033 헬륨 풍선은 공중에 뜨는데, 공기를 채운 풍선은 왜 뜨지 않을까?

헬륨 풍선이 공중에 뜨는 이유는 물 위에 어떤 물체가 뜨는 이유와 같다. 물 위에 뜨는 물체가 물보다 밀도가 낮은 것처럼, 헬륨 풍선은 주위 공기보다 밀도가 낮다. 다시 말하면, 풍선 안에 든 헬륨과 고무 풍선 무게의 합이 풍선 밖으로 밀려난 공기보다 가볍다는 뜻이다. 반면 공기로 채운 풍선은 공기의 밀도가 안팎으로 같고 풍선의 고무는 공기보다 밀도가 높아 뜨지 못한다. 아르키메데스의 원리에서 말하는 부력과 같은 이치가 물 대신 공기에 적용되는 경우다.

헬륨 풍선을 공중에 띄우면 터지기 직전까지 하늘 높이 날아오른다. 고도가 높아질수록 풍선 외부의 공기 압력이 줄어, 풍선은 한계를 넘어서까지 팽창해 결국 터지고 만다. 헬륨은 공기 중에 흩어져 영원히 다시 모을 수 없게 된다. 헬륨은 언제나 우리 대기에 아주 조금만 존재했다. 그럼 헬륨은 어떻게 모은 걸까?

헬륨은 지구 깊은 곳에서 나오는데, 방사성 원소의 붕괴로 생성된 알파 입자에서 파생한다. 알파 입자는 양성자 두 개와 중성자 두 개를 갖고 있는데, 전자 두 개가 그 주위를 공전하게 만들어(헬륨 원소의 핵) 헬륨 원자를 이룬다. 헬륨은 우라늄 광석과 천연가스가 많은 곳에 다량으로 존재한다. 천연가스가 있는 공간은 헬륨을 잡는 밀폐 용기 같은 역할을 한다. 헬륨은 천연가스에서 분별 증류로 추출해 활성탄[19]으로 정제하고, 극저온에서 액화해 실린더에 넣어 판매한다.

수소 연료는 헬륨보다 양력[20]이 7퍼센트 더 강하다. 그리고 물을 전기 분해해 만들면 가격도 더 저렴하다. 하지만 수소는 폭발하는 나쁜 성질이 있다. 작은 불꽃에도 터져 버린다. 1933년 독일에서 나치가 정권을 잡자, 미국은 독일에 헬륨을 판매하지 않기로 결정했다. 독일은

---

19 높은 흡착성을 지닌 탄소질 물질로 목탄 등을 활성화해 만든다. 다공질이어서 색소나 냄새를 잘 빨아들이므로 탈색·정제·촉매·방독면 등에 쓰인다.
20 유체 속을 운동하는 물체에 운동 방향과 수직 방향으로 작용하는 힘으로, 비행기는 날개에서 생기는 이 힘을 통해 하늘을 날 수 있다.

수소로 눈을 돌렸다. 그리고 1937년 5월 6일, 독일의 여객 비행선 힌덴부르크는 뉴저지주 레이크허스트에서 700만 세제곱피트(1억 9821만 7926리터)의 수소와 함께 폭발했다.

헬륨은 원자가 아주 작아 풍선의 매듭 사이로 빠져나온다. 그래서 대부분 헬륨 풍선은 하루 이틀이 지나면 쪼그라든다. 헬륨 전용 풍선은 조금 더 두껍고 수명도 길다. 마일라(듀폰사에서 제조하는 전기 절연 재료)로 만든 헬륨 풍선은 일주일 이상 헬륨을 담아 둘 수 있다.

사람을 공중에 띄우려면 얼마나 큰 풍선이 있어야 할까? 이는 단순한 수학적 문제로 헬륨의 양력과 부피, 무게를 계산하면 된다. 지름 약 3미터인 풍선 다섯 개면 체중 68킬로그램인 사람을 띄울 수 있다.

1982년 캘리포니아주 산페드로 출신의 트럭 운전사였던 서른세 살의 래리 월터스는 접이식 의자에 지름 약 1.2미터의 풍선 마흔다섯 개를 묶어 고도 4.5~4.8킬로미터까지 날아올랐다. 원래 10미터 정도에서 내려올 생각이었지만, 헬륨을 채운 이 풍선들은 걷잡을 수 없이 떠올랐다. 결국 45분 동안 하늘을 떠돌며 공항의 관제공역까지 들어갔다가, 공기총으로 일부 풍선을 터뜨리고 나서야 내려올 수 있었다. 래리는 원래 비행사를 꿈꿨지만, 미국 공군은 시력이 나쁘다는 이유로 그를 탈락시켰다. 그는 자신만의 방식으로 꿈을 이뤄 유명해졌다. 물론 경찰 조사도 받아야 했지만!

**물과 기름은 둘 다 액체인데,
왜 섞이지 않을까?**

이 질문은 다음 두 가지로 나눌 수 있다. 첫째, 물과 기름은 왜 섞이지 않을까? 둘째, 기름은 왜 물 위에 뜰까?

첫 번째 질문에 답해 보자. 두 가지 액체가 서로 섞이려면 분자들의 전기 쌍극자 모멘트[21]가 비슷해야 한다. 자석을 예로 들면, N극과 S극은 반대되는 자기력을 갖는다. N극과 N극처럼 같은 극은 서로 밀쳐내고, N극과 S극처럼 반대되는 극은 서로 끌린다.

이와 유사하게 분자들도 전기 쌍극자가 있는데, 전하에 따라 양극과 음극으로 나뉜다. 전하는 한쪽에서 반대쪽보다 훨씬 큰 전기적 극성을 가진다. 비슷한 강도의 쌍극자를 가진 물질들은 서로 만났을 때 다른 강도의 쌍극자를 가진 물질들보다 쉽게 용해된다. 하지만 물과 기름은 쌍극자가 아주 달라 섞이지 않고 그대로 유지된다.

이제 두 번째 질문이다. 기름은 물보다 밀도가 낮아 물 위에 떠다닌다. 휘발유, 등유, 테레빈유, 엔진오일, 베이비 오일, 디젤 연료, 제트 연료 등 원유로 만든 거의 모든 액체가 물 위에 뜬다. 아마인유, 피마자유, 해바라기씨유, 코코넛 기름, 올리브 기름 등 식물에서 추출한 기름도

---

21 쌍극자 모멘트는 쌍극자 사이의 힘과 변위를 곱한 것이다. 전기 쌍극자는 비대칭형 분자 안에서 동일한 크기의 양극, 음극 전하가 서로 떨어져 마주보는 배치를 말한다. 물 분자는 (H_2O)는 산소 원자가 음전하, 수소 원자가 양전하를 띠므로 전기 쌍극자가 된다.

마찬가지다. 미국에서는 이 현상을 식초와 올리브 기름을 섞은 샐러드 드레싱을 예로 들어 설명하는데, 식초와 기름도 절대 섞이지 않는다.

원유도 당연히 물에 뜨는데, 1989년 알래스카주에서 발생한 액손 발데스 원유 유출 사고 당시 이 성질을 제거 작업에 이용했다. 예전에 선박들은 파도를 잔잔히 만들기 위해, 일부러 기름을 버리기도 했다. 하지만 요즘 이런 관행은 용납되지 않는다.

색색의 용암이 움직이는 듯한 라바 램프는 착색된 유기 화합물을 다른 물질에 넣어 만든다. 주로 아닐린[22] 방울을 광유(석유와 같은 광물성 기름)에 넣는다. 두 액체의 밀도는 매우 비슷하지만, 바닥의 백열전구가 아닐린에 열을 전달해 밀도를 낮게 만들어 램프 위로 떠오르게 한다. 그럼 열원에서 멀어진 아닐린이 식으면서 밀도가 높아지고 다시 램프 아래로 떨어지며 전체 과정이 반복된다.

035 종이는 시간이 지나면 왜 노랗게 될까?

신문 인쇄용지에는 많은 산과 리그닌이 포함돼 있다. 산은 종이를

---

22 독특한 냄새가 나는 무색의 액체로, 독성이 있고 물에 조금 녹으며 약한 염기성을 띤다.

분해하며, 리그닌은 종이를 노랗고 갈색으로 변하게 한다. 리그닌은 나무 섬유소(셀룰로스)를 한데 엮는 폴리머다. 제지 공장에서는 하얗고 깨끗한 종이를 만들기 위해 나무를 화학 용매 처리해 리그닌을 용해한다. 순수한 섬유소는 하얀색이다. 종이를 섬유소로 만들면 희고, 황변(누렇게 변하는 것)에 저항하는 성격을 띤다.

신문사는 시간이 지나면 신문이 노래지는 현상을 그다지 신경 쓰지 않는다. 저렴한 종이를 원하기 때문에 화학 처리하지 않은 종이를 사용한다. 신문지는 며칠만 사용하다 버릴 목적으로 제작되기 때문이다.

종이는 공기와 닿으면 리그닌 분자가 불안정해져 노랗게 변한다. 리그닌은 빛을 흡수해 어두운색이 된다. 신문지를 빛과 공기가 완전히 차단된 곳에 두면 흰색을 유지할 수 있다. 하지만 그 상태에서는 신문을 읽을 수가 없다!

리그닌을 종이에 일부러 남길 때도 있다. 미국 마트에서 사용하는 포장용 종이나 판지를 떠올려 보자. 리그닌은 종이를 질기게 만든다. 물론 인쇄에는 적합하지 않다.

사람들은 신문을 오려 스크랩북에 모으곤 한다. 주로 부고나 수상 소식, 중요한 사건 등이다. 하지만 몇 년 지나면, 신문 기사가 엉망으로 변질된다. 가장 좋은 방법은 산과 리그닌이 없는 종이에 신문을 복사하는 거다. 일반 필기용 종이도 좋다. 신문지를 오려서 스크랩북에 풀로 붙이는 것보다는 훨씬 오래 보관할 수 있다.

그렇다면 '황색 저널리즘'이란 말은 어떻게 생겨났을까? 1890년대 만화가 리처드 F. 아웃콜트는 '옐로 키드'라는 주인공을 내세운 만화를 그려 신문에 실었다. 처음에는 《뉴욕 월드(New York World)》에, 나중에는 《뉴욕 저널 아메리칸(New York Journal-American)》에 연재했는데, 인기가 매우 높았다. 당시 치열한 경쟁 속에서 두 신문은 스캔들과 자극적이고 야한 싸구려 기사를 쏟아냈다. 이런 행태와 옐로 키드 만화 연재라는 두 신문의 공통점에서 황색 저널리즘이라는 용어가 나오게 되었다.

036 원소 주기율표는 어떻게 만들었을까?

먼저 원소란 더 낮은 단계로 쪼갤 수 없는 물질을 뜻한다. 원자는 원소의 가장 작은 입자다. 원소는 단 한 종류의 원자만 갖고 있다. 주기율표의 원소들은 원자 번호 순서에 따라 배열돼 있다. 원자 번호는 핵의 양성자 수를 나타낸다. 핵에는 양성자와 중성자 두 가지 입자가 있다. 양성자는 양의 전하가 있지만, 중성자는 전하가 없다.

원자를 작은 태양계라고 생각해 보자. 우리 태양계는 가운데 태양이 있고, 행성들이 태양 주위를 원에 가까운 모양으로 공전한다. 원자의 가운데에는 핵이 있고, 음전하를 띠는 전자들은 핵 주위를 여러 층(겹)으로 돈다. 이 길을 '전자껍질'이라고 한다.

주기율표는 원소들이 레고 블록처럼 생긴 커다란 격자무늬 판에 배

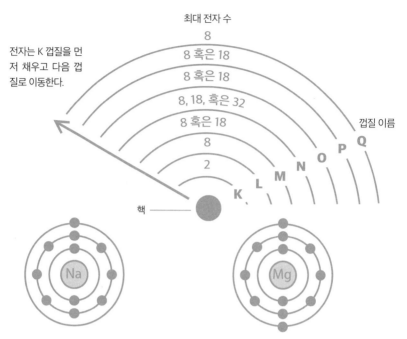

최대 전자 수

8

8 혹은 18

8 혹은 18

8, 18, 혹은 32

8 혹은 18

8

2

전자는 K 껍질을 먼저 채우고 다음 껍질로 이동한다.

껍질 이름

K, L, M, N, O, P, Q

핵

나트륨은 K-M 껍질을 사용해, 주기가 3이다. 가장 외곽의 껍질에 전자 한 개가 있어 그룹 1에 속한다.

마그네슘도 주기가 3이지만, 가장 외곽의 껍질에 전자가 두 개 있어 그룹 2에 속한다.

열돼 있다. 위아래, 좌우로 줄지어 있다. 각각의 원소는 격자 표에서 모양과 반응, 무게에 따라 구분돼 있다. 각각의 줄마다 다른 주기를 나타낸다. 달력의 요일과 비슷한 셈이다. 같은 (가로)줄에 포함된 날들은 같은 주에 속한다. 같은 주기에 배치된 원소들은 원자의 핵을 도는 전자 껍질의 수가 같다. 이 껍질들을 알을 감싸는 껍질이라고 생각해 보자. 이 껍질에는 K, L, M, N, O, P, Q로 철자가 적혀 있다. 그리고 각각의 껍질은 일정 수의 전자만 가질 수 있다. 첫 번째 껍질은 전자 두 개, 두 번째는 전자 여덟 개, 세 번째는 열여덟 개, 이런 식이다. 껍질 하나에 있을 수 있는 최대 전자의 수는 서른두 개다.

그룹(족)

주기	1	2	3	4	5	6	7	8	9	10	11	12	13	14	15	16	17	18
1	1 H																	2 He
2	3 Li	4 Be											5 B	6 C	7 N	8 O	9 F	10 Ne
3	11 Na	12 Mg											13 Al	14 Si	15 P	16 S	17 Cl	18 Ar
4	19 K	20 Ca	21 Sc	22 Ti	23 V	24 Cr	25 Mn	26 Fe	27 Co	28 Ni	29 Cu	30 Zn	31 Ga	32 Ge	33 As	34 Se	35 Br	36 Kr
5	37 Rb	38 Sr	39 Y	40 Zr	41 Nb	42 Mo	43 Tc	44 Ru	45 Rh	46 Pd	47 Ag	48 Cd	49 In	50 Sn	51 Sb	52 Te	53 I	54 Xe
6	55 Cs	56 Ba	57-71	72 Hf	73 Ta	74 W	75 Re	76 Os	77 Ir	78 Pt	79 Au	80 Hg	81 Tl	82 Pb	83 Bi	84 Po	85 At	86 Rn
7	87 Fr	88 Ra	89-103	104 Rf	105 Db	106 Sg	107 Bh	108 Hs	109 Mt	110 Ds	111 Rg	112 Cn	113 Uut	114 Fl	115 Uup	116 Lv	117 Uus	118 Uuo

란탄 계열 원소 —	57 La	58 Ce	59 Pr	60 Nd	61 Pm	62 Sm	63 Eu	64 Gd	65 Tb	66 Dy	67 Ho	68 Er	69 Tm	70 Yb	71 Lu
악티늄 계열 원소 —	89 Ac	90 Th	91 Pa	92 U	93 Np	94 Pu	95 Am	96 Cm	97 Bk	98 Cf	99 Es	100 Fm	101 Md	102 No	103 Lr

그렇다면 세로줄은 위에서 아래까지 어떻게 구성돼 있을까? 세로줄도 따로 부르는 명칭이 있다. 바로 그룹(족)이다. 각 그룹의 원소들은 최외곽 껍질에 있는 전자의 수가 같다. 두 번째 세로줄, 그룹 2에 있는 모든 원소는 가장 외곽에 있는 전자의 수가 두 개로 일치한다. 표에서 왼쪽에서 오른쪽으로 갈수록 가장 외각의 껍질에 있는 전자의 수가 하나씩 늘어나는 식이다. 이 껍질에 있는 전자의 수가 중요하다. 이곳의 전자 수가 원소가 다른 원소와 어떻게 반응하는지 결정하는 역할을 한다. 대부분 원소는 이 껍질이 가득 차 있지 않다.

하지만 이 '껍질의 법칙'은 전이 원소라는 예외를 갖고 있다. 전이 금속들은 주기율표에서 가운데 자리한다(3~12족). 이 원소들은 외곽의 궤도 하나 이상이 최대 전자 수보다 적은 전자를 갖는 특징이 있다.

주기율표는 러시아의 화학자이자 교육자였던 드미트리 멘델레예프가 1869년 연구해 발표했다. 그는 당시 알려진 63개의 원소를 보기 좋게 분류할 방법을 찾았다. 당시 알려진 일부 화학 지식은 틀린 점도 많았다. 현대에 따져 보니 100가지도 넘는 원소가 존재한다.

멘델레예프는 한 벌의 카드를 종류와 등급에 따라 모아 놓은 방식에서 착안하여 주기율표를 고안했다. 그의 주기율표는 모든 조각이 네모반듯하고 중간에 빈 곳이 있는 퍼즐처럼 생겼다. 이렇게 주기율표에 당시 발견되지 않은 원소를 위한 공간을 남겨 놓은 건 정말 천재적인 발상이다. 그는 원소가 더 발견되리라 예견했고, 일부는 그 성격까지 예측했다. 실제 그가 살아 있을 때 몇 개가 발견됐는데, 성질까지 예상과 일치했다.

경수가 센물이라면 중수는 뭘까?

'센물'은 보통 미네랄이 많이 분해돼 있는 물을 말한다. '단물(연수)'은 미네랄을 많이 제거한 물이다. 센물의 미네랄은 물맛을 좋게 하지만 비누가 잘 풀리지 않게 한다.

'중수'는 중수소로 된 물을 나타내는 용어다. 중수소는 수소의 동위원소인데, 동위원소란 양성자 수가 같지만 중성자 수가 다른 원소를 일컫는다. 대부분 수소 원자는 핵 안에 있는 양성자 하나와 주위에 있는 음전자 하나를 갖고 있지만, 일부 수소 원자는 하나의 양성자와 하나의 중성자가 함께 핵을 이뤄 ^2H(원자량 2의 수소)나 D로 표기하는 중수소가 된다. 여기 추가되는 입자는 중수소의 원자를 일반 수소 원자보다 약간 무겁게 한다. 중수소와 산소로 이루어진 물의 분자(D_2O)도 수소와 산소로 이루어진 물의 분자(H_2O)보다 약간 무거워진다. 그래서 우리는 이 물을 '重(무거울 중)' 자를 써서 중수라고 한다. 중수는 '보통' 물 분자 3000개당 하나꼴로 상당히 희귀하다.

중수소는 아주 다양한 장소에서 발생한다. 하지만 전 세계에서 사용되는 중수의 대부분은 노르웨이와 캐나다에서 공급한다. 캐나다에 있는 몇몇 원자로는 중수소를 중성자 속도를 늦추는 감속재로 사용하여 우라늄 원자 분열에 더 적합한 환경을 조성한다. 중수소는 우리가 마시는 물에도 약간 들어 있는데, 방사성을 띠지는 않는다.

중수는 미국의 화학자 해럴드 유리가 1931년 처음 발견했다. 독일은 제2차 세계대전 당시 핵폭탄을 만들기 위해 중수를 사용하려고 했으나 다행히도 성공하지 못했다.

038 샴푸는 어떻게 모발을 깨끗하게 할까?

모발은 두피에 퍼져 있는 모낭에서 각각 뻗어 나온다. 모낭에는 수분을 유지하기 위한 피지, 즉 기름을 만드는 샘이 있다. 피지는 모발이 건조해지거나 푸석해지는 것을 막는다.

샴푸는 기본적으로 모발에 있는 지나친 유분과 먼지를 제거한다. 물은 약한 전하를 가져, 표면에 아주 얇은 고무 같은 막을 형성한다. 우리는 이를 표면 장력이라고 부른다.

샴푸의 성분은 물의 표면 장력을 부숴 머리카락 사이나 옷의 섬유처럼 아주 좁은 장소에 들어간다. 많은 샴푸가 코코넛 기름이나 불포화 지방산, 향료를 함유해 머리를 감는 중에 손실되는 모발의 유분을 보충하고, 모발에 좋은 향기가 나게 한다.

우리가 머리에서 나는 불쾌한 쉰내에서 해방된 것은 다 샴푸 덕분이다!

3장

원자와 분자, 소리에 대해 알아보자

Ask a Science Teacher

양자물리학이란 뭘까?

양자물리학, 즉 양자 역학은 원자와 아원자 단위의 극미한 자연 영역을 다루는 분야다. 그 기초는 1895년부터 1935년까지, 19세기 말부터 20세기 전반 약 40년 동안 다져졌다. 이 분야의 거장으로는 닐스 보어, 막스 플랑크, 알버트 아인슈타인, 베르너 하이젠베르크, 막스 보른, 존 폰 노이만, 폴 디락, 볼프강 파울리, 루이 드 브로이, 에르빈 슈뢰딩거와 그 외에도 대중에게 잘 알려지지 않은 많은 학자가 있다.

막스 플랑크는 에너지 파동은 특정한 어떤 묶음인 '양자'에서 방출되고 흡수되며, 에너지의 양은 파동의 진동수(초당 진동수)와 연관된다고 말했다. 그는 E(에너지)는 h(플랑크 상수) 곱하기 f(진동수), 즉 'E=hf'라는 공식을 만들 정도로 똑똑했다.

양자 역학은 일상생활에서 쉽게 볼 수 있다. 작은 철, 못을 가열한다고 생각해 보자. 열을 계속 올리면 처음에는 못이 붉게 변한다. 열을 더 가하면 주황색이 됐다가 파랗게 되고 마지막으로 하얗게 변한다. 빨강은 가시광선 중 진동수가 가장 낮아, 열에너지가 가장 적게 들어간다. 하얀 백열 상태가 되려면 많은 열에너지가 필요하고, 이때에는 모든 가시광선뿐 아니라 자외선도 방출한다.

양자 역학에는 다음과 같이 주요한 개념이 세 가지 있다. 첫째, 에너지는 지속적이지 않은, 작고 비연속적인 단위다. 둘째, 전자들은 파동과 입자로 행동한다. 셋째, 이 입자의 움직임은 무작위이며 예측할 수 없다. 누구도 입자의 위치와 속도를 동시에 알아낼 수 없다.

뻔한 질문이 떠오른다. 양자 역학의 이점은 뭘까? 많은 현대 기술이 양자 역학에 기초한다. 레이저, 트랜지스터, 마이크로칩, LED, MRI, 전자 현미경, USB 메모리, 초전도체 등이 모두 양자효과에 의존한다.

그리고 양자론은 수 세기 동안 이어진 빛의 성격에 관한 논란을 마침내 마무리 지었다. 영국의 아이작 뉴턴은 빛이 입자라고 주장했지만, 네덜란드의 크리스티안 호이겐스는 빛이 파동이라는 사실을 증명했다. 양자론은 이렇게 상충하는 두 가지 이론을 하나로 합쳐, 물질이 파동처럼 작동할 수도 있고 파동이 물질처럼 작동할 수 있음을 알려 주었다.

040 원자를 쪼개면 어떻게 될까?

원자를 쪼개면 엄청난 에너지가 방출된다. 이 과정을 핵분열이라고 한다. 하지만 아무 원자나 핵분열을 하지는 않는다. 핵분열은 적합한 원자를 선택해야 하는데, 핵발전이나 핵폭탄 제작에 사용하려면 우라늄 중에서도 우라늄-235(U-235)를 써야 한다.

여기서 235는 원자의 중심, 즉 핵에 있는 양성자와 중성자를 합한 숫자다. 앞서 말했듯 양성자는 양전하를 갖고 있으며, 중성자는 특정 전하를 갖지 않는다. U-235 핵에 있는 양성자의 수는 92로 음전하를 띤 전자의 수와 일치한다. 235에서 92를 빼면 143이 남는데, 이는 핵에 있는 중성자의 수를 나타낸다.

우라늄은 지구에 흔한 원소로 지구가 생길 무렵부터 있었다. U-235 원자는 스스로 핵의 일부를 버리고 '붕괴'해 낮은 방사성 원소가 된다. 이때 버려지는 부분은 대부분 알파 입자로 두 개의 양성자와 두 개의 중성자로 구성된다. 방사능은 원자의 핵에서 방출하거나 분출하는 입자나 광선을 말한다. 간혹 '핵붕괴'라는 말을 쓰기도 한다. 이 자연 방사능은 언제나 발생해 왔다. U-235 원자 한 주먹이 완전히 납으로 변하기까지는 수십억 년이 걸린다. 사실 한 주먹 안에 있는 원자의 수는, 미국의 국가 부채만큼이나 엄청나다.

그런데 1930년대 후반, 우라늄-235가 붕괴한다는 사실이 과학자들의 흥미를 돋우었다. 만약 중성자로 U-235 핵을 때리면 어떻게 될까? 같은 성격의 입자들은 서로를 밀어낸다. 그러므로 실험은 중성자로 해야 한다. 양성자는 핵의 양성자에 밀려나고 음성의 입자(전자)는 핵을 도는 전자에 밀려날 것이기 때문이다.

독일의 리제 마이트너, 프리츠 슈트라스만, 오토 프리시, 오토 한과 이탈리아의 엔리코 페르미는 최초로 인공 방사선을 유도했다. 우라늄 핵을 빠른 속도의 중성자로 때리면 핵을 통과해 나온다. 원자에는 아무 일도 일어나지 않는다. 하지만 우라늄 핵을 때리기 전에 중성자의 속도를 늦추면 핵을 변형해 조각낸다. 조각난 핵은 원래 원소의 양성자와 전자를 나누어 가지며 바륨과 크립톤 두 가지 원소의 원자가 된다.

그리고 이 두 개의 새로운 원소와 함께 최소 두 개의 중성자가 방출된다. 이 중성자들은 다른 우라늄 원자 두 개를 쪼갠다. 그리고 이 원자들이 쪼개질 때, 다시 최소 네 개의 중성자가 나타나 네 개의 우라늄 원자를 쪼갠다. 이 폭포효과는 우라늄 덩이에 연쇄반응을 일으킨다. 그리고 U-235 원자가 모두 쪼개질 때까지 지속된다.

핵폭탄은 이런 원자핵 연쇄반응으로 폭발한다. 핵분열 과정에서 질량의 아주 작은 부분이 손실되는데, 이 손실되는 질량이 커다란 폭발, 열, 빛에너지로 변한다. 이때 질량과 에너지의 관계는 알버트 아인슈타인의 유명한 등식 '에너지는 질량 곱하기 빛 속도의 제곱($E=mc^2$)'으로 설명할 수 있다. E는 에너지로 J로 나타내고, m은 킬로그램, c는 빛의 속도를 초당 미터로 나타낸다.

핵 발전소와 핵 항공모함, 핵 잠수함도 우라늄-235를 사용하지만, 원자의 분열이 아주 천천히 일어나게 연쇄반응을 통제한다.

자연 상태의 우라늄은 폭탄으로 사용할 수 없다. 천연 우라늄은 대개 우라늄-238로 U-235을 0.7퍼센트만 갖고 있다. 우라늄 원자 140개 중 하나만 U-235라는 뜻이다. 발전소에서는 3퍼센트 정도의 우라늄, 즉 원자 100개 중 U-235가 3개인 우라늄을 사용한다. 폭탄에 사용하려면 우라늄 U-235가 약 90퍼센트에 달해야 한다. 그래서 핵 발전소는 핵폭탄처럼 폭발하지는 않는다. 하지만 발전소가 이 연쇄반응을 완전히 통제하지 못할 때도 있다. 미국의 스리마일섬 사고와 소련의 체르노빌 사고를 보면 알 수 있다.

우라늄의 농도를 높이는 상업적인 방법은 두 가지가 있다. 가스 원심분리법과 가스 확산법이다. 둘 다 엄청난 규모의 생산 공장이 필요하다. 또 돈과 시간이 엄청나게 들어간다. 가스 원심분리법은 회전 실린 더(원통)에 우라늄을 넣고 돌려 상대적으로 무거운 U-238이 밖으로 밀려나고 가벼운 U-235는 회전축 근처에 모이게 한다. 예전에 농부들이 쓰던 크림 분리기의 첨단 버전인 셈이다. 가스 확산법은 천연 우라늄을 불소 가스와 섞어 가스 복합체 육불화우라늄(UF_6)을 만든다. 그리고 이 가스를 미세한 구멍이 뚫린 판에 퍼부으면 원자의 크기가 작은 U-235 는 통과하고, 원자가 큰 U-238은 통과하지 못한다. 이 과정을 수천 번 반복하면 우라늄 U-235는 늘어나고, U-238은 줄어든다.

몇 년 전 이란이 우라늄 농축에 성공했다는 뉴스를 접했다. 그들의 지도자는 평화적 목적으로 만들었다고 하지만, 서양 정부는 이들이 핵 발전소에 사용한 플루토늄을 무기로 만들 의도가 있다고 의심한다. 플루토늄-239는 핵 발전소의 핵분열 과정에서 나오는 부산물 중 하나다. 이것은 무기 제작자들이 좋아하는 재료로, 1945년 8월 일본에 떨어진 두 번째 폭탄을 만들 때도 사용됐다.

041 야광 물체의 원리는 뭘까?

어둠 속에서 빛을 내는 물체의 성질은 인광 물질에서 비롯하지만, 개념을 완전히 이해하려면 '형광'의 과정을 먼저 이해해야 한다. 형광은 어떤 물체가 파장이 짧은 빛에 맞으면, 더 긴 빛을 방출하는 현상을 말한다. 간단히 말하면, 형광 물체에 우리가 볼 수 없는 자외선이 닿으면, 즉시 가시광선이 방출된다는 이야기다. 루비나 에메랄드, 다이아몬드 같은 일부 보석은 형광이다.

반면 인광 물체는 광원이 사라진 뒤에도 몇 분 정도 빛을 방출하는, 어둠 속에서 빛을 내는 성질이 있다. 대부분 인광 물체는 일반적인 빛에 노출해 몇 번이고 다시 충전할 수 있다. 여기서 일반적인 빛이란, 햇빛, 형광등 불빛, 백열등 불빛 등을 말한다.

앞서 언급했던, 꺾거나 흔들어서 빛을 내는 야광봉은 인광 물체가 아니다. 핼러윈 축제에 특히 많이 사용되는 야광봉은 이미 설명했듯이 섞이면 빛을 내는 두 가지 다른 화학물질을 혼합해 만든다.

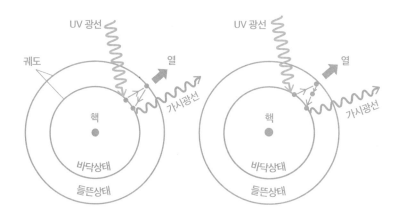

형광 물체에서, 자외선은 에너지가 충분해 전자를 들뜬상태로 만들고, 열도 약간 방출하게 한다. 전자는 금방 바닥상태로 돌아오며 남는 에너지를 가시광선으로 내뿜는다.

인광 물체도 비슷하게 작용하지만, 전자가 들뜬상태에서 돌아올 때 회전 방향을 바꿈으로써 중간 단계의 에너지 상태를 거친다. 전자는 바닥상태로 돌아와 빛을 내기 전까지 잠시 그 상태로 있다.

자외선은 형광 및 인광 물체를 때려 원자의 핵을 도는 전자를 핵에서 멀어지게 한다. 태양을 도는 수성을 밀쳐 금성의 궤도로 보내는 것과 같다. 이때 원자는 들뜬상태가 된다. 전자들이 원래 궤도로 돌아가면 원자가 전자기복사를 하여 우리가 보는 빛을 내뿜는다. 인광 물체에서는 전자들이 신나게 노는데, 한번 시작하면 원래 궤도로 수십억 번이나 돌아가길 반복한다. 그래서 구성물질에 따라 몇 초에서 몇 시간까지 빛을 내기도 한다.

1930년대에는 황화아연이 발광 물질로 널리 사용됐다. 발광 물질은 열로 생성되지 않는 빛을 방출한다(인광, 형광 물질은 발광 물질이다). 시계나 항공장비의 문자를 위험한 방사성 라듐을 대신해 황화아연으로써 어둠 속에서도 읽을 수 있게 했다. 그 후, 열 배나 오래가는 산화 스트론튬 알루민산염이 개발됐다.

요즘 이런 재료는 출구 사인이나 경로 표지판 그리고 아이들이 천장에 붙이는 별 모양 스티커에 사용된다. 손목시계 제조사인 타이맥스는 몇 년 전 인디글로(Indiglo)라는 기술로 특허를 받았다. 시계 배터리에서 1.5볼트를 백 배로 전환해, 인광 층을 자극(들뜬상태)하는 기술이다.

프랑스의 앙투안 베크렐은 1896년 인광 물질 연구를 통해 방사선을 발견했다. 방사선의 단위 베크렐(Bq)은 그의 이름에서 따왔다. 또 달과 화성의 크레이터에도 그의 이름이 붙어 있다.

042

혀로 배터리가 죽었는지 아닌지 알 수 있을까?

9볼트 배터리는 혀에 닿으면 살짝 충격을 줄 정도의 전압을 갖고 있다. 게다가 입에 닿는 쇠 맛도 꽤 불쾌하다.

배터리를 완전히 다 쓰거나 방전시키면, '검사기'에 갖다 대도 별 반응(충격)이 없거나 적다. 아마 혀를 배터리 검사기로 쓸 수 있다는 발상이나 주장은 여기서 비롯된 듯하다. 하지만 이 글을 읽다 보면 '혀 검사기'는 좋은 생각이 아니라는 걸 알 수 있다.

흔히 사용되는 AA, AAA, C, D 건전지는 모두 1.5볼트다. 그래서 대부분 혀에 큰 충격을 줄 정도의 전압은 없다. 9볼트 배터리는 1.5볼트 전지 여섯 개를 직렬로 연결해 놓은 것과 같다. 30볼트가 넘는 전압은 위험하다.

배터리의 한쪽 끝을 입술에 대고 다른 쪽에 혀를 갖다 대면 더 잘 느낄 수 있다. 전압과 전류가 낮아 다치진 않는다. 전압은 전력으로 전도체나 전선에서 전자를 미는 힘을 말한다. 전류는 전도체나 전선을 지나는 전자의 흐름이다. 전압은 집에 있는 배관 파이프의 수압을 떠올리면 된다. 마찬가지로 전류는 파이프를 지나는 물의 흐름과 비슷하다.

인체가 가진 전기 저항력은 주로 피부에 집중돼 있으며, 피부의 상태에 따라 차이가 난다. 건조한 피부는 저항이 커, 9볼트 배터리나 12볼트 자동차 배터리를 만져도 쇼크가 일어나지 않는다. 피부의 저항을 이기고 들어오는 전류가 많지 않기 때문이다. 하지만 피부가 젖었거나, 찰과상이나 자상을 입은 상태에서는 저항이 떨어져 전류가 더 많이 흐르고 쇼크가 일어날 확률이 높아진다. 만약 한 손이라도 이런 종류의 상처를 입었다면, 배터리를 만져선 안 된다. 조직이 축축하고 소금기가 많은 상태라 전류가 흐르기 쉽고, 전압이 내 손을 거쳐 심장을 지나 다른 손으로 전해질 확률도 높아진다.

감전은 자각하기가 그리 간단한 것만은 아니다. 전압, 지속 시간, 전류, 전기의 빈도, 흐르는 길 등에 따라 다르다. 손으로 들어오는 전류는 느끼려면 약 5~10밀리암페어(mA)가 돼야 한다. 100밀리암페어 이하의 전류도 흐르는 신체 부위에 따라 치명적일 수 있다.

여기 내가 제안하는 더 좋은 배터리 확인법이 있다. 할인점이나 철물점, 자동차용품점에 가면 가격이 싼 멀티미터나 배터리 테스터가 있다. 보통 5달러도 안 한다. 관리만 잘하면 평생 사용할 수도 있다. 이 기기는 배터리 전압 측정 외에도 누전이나 개방 회로 등을 감지하거나 전류를 측정할 수도 있다. 게다가 멀티미터를 하나쯤 갖고 있으면, 집에 방문한 사람들이 당신의 전기적 지식이나 손재주에 놀란다. 대화를 끌어내기에도 좋다.

어린 시절, 세네카 농장에서 자랄 때 전기 울타리를 이상한 방식으로 실험하는 아이들이 있었다. 울타리를 만지는 대신, 근처로 다가가 팬티를 내리고는……. 경고하지만, 절대 그러면 안 된다!

043

휴대전화에서 나오는 방사선도 암을 일으킬까?

배심원들의 대답은 '아니오'였다. 1993년 미국에서 화제가 된 이슈인데, 플로리다주의 한 남성이 토크 쇼에 나와 자신의 아내에게 생긴 뇌종양은 휴대전화의 고주파 방사가 원인이라고 주장했다. 그의 고소는 1995년 과학적, 의학적 증거 부족으로 기각됐다.

입증되지는 않았지만 뇌종양과 극단적인 휴대전화 사용의 관련성을 시사하는 사례들이 있다. 전 부인 살해 혐의로 기소됐던 미식축구 선수 O. J. 심슨의 변호사였던 조니 코크런은 휴대전화를 자주 받던 머리 쪽에 뇌종양이 생겼다. 매사추세츠주 상원 의원인 에드워드 케네디는 2008년 5월 뇌종양을 진단받고, 2009년 8월 사망했다. 어떤 사람은 그가 휴대전화를 많이 사용해 뇌종양이 생겼다고 믿는다. 이런 이야기를 들을 때 주의할 점이 있다. 원인과 결과는 그 관계를 밝혀내기가 매우 복잡하다는 점이다.

휴대전화의 무선주파수(RF)는 라디오나 텔레비전의 주파수보다 높지만, 레이더나 전자레인지의 주파수보다는 다소 낮다. 휴대전화를 사용하는 사람이 노출되는 무선주파수 에너지의 양은 기지국까지 거리, 휴대전화가 사용하는 주파수, 누적 통화 시간, 휴대전화의 사용 연수에 따라 다르다. 예전 아날로그 휴대전화는 디지털 제품보다 더 많은 방사선(복사선)을 방출했다. 휴대전화가 사용하는 전파는 X-레이나 방사선 물질에서 나오는 이온화된 방사선과 달리 비이온화 방사선이다. 이온화 방사선은 원자의 핵을 도는 전자를 궤도에서 멀어지게 할 충분한 에너지를 가지고 있어, 원자를 이온화되게 한다.

지금까지 알려진 바에 따르면, 휴대전화에서 나오는 에너지는 유전자를 변형시켜 암을 일으킬 만한 충분한 힘이 없다. 하지만 휴대전화가 대중적으로 사용된 역사가 길지 않아서 평생 사용했을 때 어떤 결과가 일어날지 아무도 장담하지 못한다. 과학자들은 아직 장기적으로 연구할 기회를 얻지 못했다. 뇌종양은 20년 이상 무언가에 노출돼 생기기도 한다. 미국에서는 사람들이 휴대전화를 본격적으로 사용한 지 이제 막 20년이 넘었으니, 장기적인 영향에 관한 연구는 아직 두고 볼 일이다.

휴대전화를 하루에 얼마나 사용하는 게 적당한지도 아직 아무도 모른다. 몇몇 전문가는 뇌종양과 휴대전화 사용 사이에 확실한 인과관계가 있다고 주장한다. 그리고 조심성이 많은 사람들은 나중에 후회하느니 지금 주의하는 게 낫다고 말한다.

유럽 연합은 엄청난 규모의 연구를 진행했다. 유럽 국가들은 1990년대 초반부터 휴대전화를 써, 이 문제에 관해 연구할 시간이 충분했다. 연구는 2012년 완료됐다. 보고서는 휴대전화의 사용과 암은 연관성이 없다고 명시했지만, 모든 위험에 관한 정보를 만족스럽게 포함하지는 않았다.

044 암 치료에 방사선이 어떻게 사용될까?

방사선을 이용한 암 치료법에는 두 가지가 있다. 첫 번째 방식은 기계에서 나오는 빔을 사용한다. X-레이와 비슷해 보이지만, 훨씬 높은 에너지를 낸다. 사실 X-레이도 암 치료에 사용된다. 두 번째 방식은 방사성 선원에서 나오는 파동이나 입자를 사용한다.

암은 세포 분열이 통제를 벗어나 미쳐 날뛰는 상태다. 방사선 치료는 이 암세포를 죽이는 역할을 한다. 방사선은 원자와 분자 들을 이온화하여 원자의 핵 주위를 도는 전자를 궤도에서 떨어져 나가게 한다. 그러면 원자는 중성이 아닌 음성이나 양성을 띠게 된다. 이 이온화는 세포의 핵, 특히 핵 안에서 세포의 성장과 분열에 영향을 끼치는 DNA에 영향을 준다.

치료 과정에서 건강한 세포도 파괴되는데, 이 세포들은 DNA의 피해를 복구할 확률이 높다. 건강한 세포는 스스로 회복할 수 있다. 게다가 의사들은 일반 세포의 안전을 고려해 방사선 양을 제한한다. 그리고 암 부위에 약도 투여해 일반 조직이 노출되는 걸 최소화한다.

많은 경우, 방사선 암 치료는 뇌종양에 사용하는 감마선 나이프처럼 외부에서 암 부위에 빔을 발사한다. 먼저 환자의 머리를 단단히 고정해 치료 중 움직이지 못하게 한다. 코발트-60에서 나오는 저강도 감마선을 뇌 안쪽에 자리 잡은 종양에 200회 이상 쏘는데, 방사선을 집중시키는 약을 주입해 종양 부위만 안전하게 치료한다.

두 번째 방사선 치료는 방사성 선원을 신체에 넣는 방법이다. 알갱이나 씨의 형태로 암에 직접 혹은 주변에 삽입한다. 전립선암의 경우, 방사선 알갱이나 씨를 암 부위에 직접 넣는다. 이 방법은 회복 시간이 짧고, 통원 치료가 가능하다. 다른 접근법은 환자에게 방사성 물질을 복용하게 하거나 주입하는 방법이다. 이 물질은 암이 일어난 조직에 붙거나, 암 조직을 공격하는 항체에 붙는 성질이 있다.

방사선 치료는 암의 재발 확률을 줄이기 위해 대개 수술(간혹 수술 전 방사선 치료를 해 종양의 크기를 줄이기도 한다), 항암 화학요법과 함께 진행되며 호르몬 치료를 병행하기도 한다. 심지어 완치가 불가능한 상황에도 환자의 고통을 줄이기 위해 방사선 치료를 할 때도 있다.

물론 부작용도 있다. 조직 손상, 탈모, 피로, 불임, 메스꺼움이 가장 흔한 증상이다.

무엇이 물체를 투명하게 만들까?

대부분 액체와 기체는 빛이 통과하여 투명하지만, 보통 고체는 불투명한 물체다. 이는 고체가 갖는 근본적 차이다.

분자들이 서로 빽빽하게 결합돼 있는 고체 물체는 단단하다. 고체는 녹을 때(액체나 기체로 변할 때), 접착 부위의 힘이 느슨해지며 분자들이 무작위로 배열된다. 이렇게 무작위로 배열되는 분자의 움직임 덕분에 빛이 액체와 기체를 통과할 수 있게 된다. 분자 사이에 생긴 틈새로 빛이 지나간다(예외도 있는데, 액체 수은은 불투명하다). 벽돌로 쌓은 벽을 떠올려 보자. 벽돌을 회반죽으로 붙여 벽을 만들면 빛이 통과하지 못하지만, 그냥 아무렇게나 쌓아 두면 사이사이로 빛이 통과한다.

하지만 이 논리로는 빛이 어떻게 고체와 같은 상태인 유리를 통과하는지 설명하지 못한다. 유리는 원자 단위에서 살펴봐야 한다. 빛이 한 장의 유리를 때리면, 유리의 원자에 진동이 생긴다. 물체는 큰 진폭이 전해지면 함께 진동한다. 어떤 물체가 가장 강하게 진동하는 지점을 공진주파수라고 한다. 종은 특정 톤이나 주파수로 울린다. 소리굽쇠도 특정 진동수로 진동한다. 전자가 다른 방식으로 반응하기 때문이다.

가시광선은 유리의 원자를 때려 전자를 진동하게 한다. 원자는 에너지를 잠시 갖고 있다가 다음 원자로 전달하는데, 이로 인해 약간의 진동이 일어나 옆으로 전달된다. 그리고 이 진동이 반복돼 빛이 유리에 처음 들어왔을 때와 같은 진동수로 유리를 빠져나가게 된다.

이러한 흡수 및 재방출 과정을 통해 빛에너지가 유리를 통과하는 데는 시간이 걸린다. 빛은 우주나 대기에서 초속 약 30만 킬로미터를 이동하지만, 유리에서는 초속 20만 킬로미터를 이동한다.

자외선이 유리를 때리면 유리 원자의 핵과 전자 사이에 강한 공명이 일어나 강하게 진동한다. 원자들은 근처 원자와 반복적으로 충돌하며 에너지와 열을 전달한다. 이 전달 과정에서 자외선의 거의 모든 에너지가 열에너지로 전환되고, 아주 소량만 빛의 형태로 남아 유리를 통과한다. 적외선은 가시광선보다 훨씬 길고 주파수가 낮아 전자뿐 아니라 유리 전체 구조를 진동하게 한다. 이 진동은 유리 내부의 에너지를 올려 유리를 따뜻하게 한다. 자동차를 햇볕에 놔두면 뜨거워지는 이유다. 가시광선은 유리를 통과하지만, 파장이 긴 적외선은 빠져나오지 못하고 내부를 뜨겁게 하는 것이다. 온실효과의 전형이다. 요약하면, 유리는 대개 가시광선은 통과시키지만, 자외선과 적외선은 통과시키지 않는다는 이야기다.

아무튼 유리 같은 물체에서 에너지는 원자 사이의 진동으로 전해져, 처음 원자를 때린 빛이 마지막 원자를 통해 방출된다. 철같이 빛이 통하지 않는 금속 물체에서는 들어온 빛이 첫 번째 원자를 약간 진동하게 하지만, 다음 원자로 전해지지 않아 금방 사라지고 만다. 대신 빛에너지가 물체의 열을 올린다.

046 원자 폭탄은 어떻게 작동할까?

원자 폭탄의 원리에는 분열과 융합 두 가지 종류가 있다. 분열 방식의 원자 폭탄은 원자를 쪼갠다. 융합은 상대적으로 가벼운 원자들을 하나로 뭉친다. 하지만 분열 원자 폭탄(A-bomb)이든 융합 수소 폭탄

(H-bomb)이든 엄청난 에너지를 방출한다.

분열 폭탄은 우라늄-235(양성자 92, 중성자 143)나 플루토늄-239(양성자 94, 중성자 145)를 원료로 사용해 핵폭발을 일으킨다. 하나의 중성자로 우라늄-235을 때리면, 핵이 두 조각으로 쪼개지며 엄청난 양의 에너지를 방출한다. 이 과정에서 우라늄-235는 중성자를 두세 개 손실한다. 방출된 에너지는 운동에너지, 열에너지, 빛에너지의 형태를 띤다. 그동안 손실된 중성자 두세 개는 다른 우라늄-235 원자를 쪼개 더 많은 중성자가 떨어져 나온다. 이 중성자들은 다시 더 많은 원자를 쪼개는 방식으로 연쇄반응을 일으킨다.

핵이 쪼개지면 엄청난 에너지가 방출되는데, 분열된 조각들과 중성자들은 원래 우라늄-235의 핵보다 질량이 작아지기 때문이다. 손실된 질량은 아인슈타인의 유명한 공식 $E=mc^2$에 따라 순수한 에너지로 전환된다. 여기서 c는 빛의 속도를 나타내 c의 제곱만으로도 이미 엄청난 수가 되기 때문에, 아주 작은 질량만으로도 놀라운 에너지를 낸다는 사실을 알 수 있다. 예를 들어, 1파운드(0.454킬로그램)의 우라늄이 휘발유 30만 갤런(113만 5624리터)과 맞먹는 에너지를 갖는다. 임계질량이란 핵분열 연쇄반응을 유지할 수 있는 핵연료의 최소량이다. 연구에 따르면 원자 폭탄을 만들기 위한 임계질량은 우라늄-235는 30파운드(13킬로그램), 플루토늄-239는 12파운드(5.4킬로그램)다. 분열 폭탄 내에서 핵연료는 임계질량 이하로 각각 분리해 보관해야 한다.

분열 원자 폭탄의 형태에는 크게 두 가지가 있다. 포신형과 내폭형이다. 1945년 8월 6일 히로시마에 사용된 최초의 원자 폭탄 '리틀 보

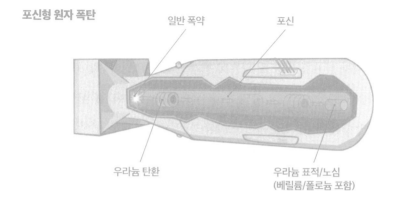

포신형 원자 폭탄

일반 폭약

포신

우라늄 탄환

우라늄 표적/노심
(베릴륨/폴로늄 포함)

이'는 포신형이고, 1945년 8월 9일 나가사키에 사용된 '팻맨'은 내폭형이었다.

포신형 폭탄은 내부에 총열처럼 생긴 포신의 양끝에 미임계의 농축 우라늄-235 두 개가 서로 분리돼 있다. 폭발이 시작되면 한쪽의 우라늄이 추진력을 얻어 총알처럼 발사돼 반대편에 있는 우라늄으로 향한다. 연쇄반응을 위해 필요한 중성자들은 노심에 포함된 소량의 베릴륨과 폴로늄 덩이로 생성된다. 이 두 개 원소는 포일로 분리되어 있다. 하지만 양끝에 있던 우라늄 덩이가 합쳐지면 포일이 벗겨지고 폴로늄에서 방출된 알파 입자가 베릴륨과 충돌하며 연쇄반응을 시작하는 데 필요한 중성자가 생겨난다.

내폭형 폭탄은 높은 폭발성을 가진 물질을 핵분열성의 플루토늄-239 주변에 둘러 폭발할 때 엄청난 압력을 가해 함께 터지게 한다. 손에 부드러운 눈을 가득 쥐고 압박해 눈 뭉치로 만드는 것과 비슷하다. 이 폭탄은 폴로늄, 베릴륨 기폭제를 플루토늄 조각으로 둘러싸고, 그 외

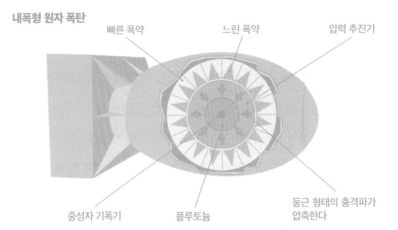

내폭형 원자 폭탄

빠른 폭약 　　느린 폭약 　　압력 추진기

중성자 기폭기 　　플루토늄 　　둥근 형태의 충격파가 압축한다

부를 다시 폭발물로 둘러싼 구조다. 외부의 폭발물에서 폭발이 시작되면 이때 충격파가 플루토늄-239 중심을 압박하고 핵분열이 시작되면서 폭탄이 터진다. 전체 분열 반응은 약 6000억 분의 1초면 모두 끝난다.

047 아인슈타인의 공식 E=mc²은 원자 폭탄에 어떤 역할을 했을까?

알버트 아인슈타인은 자신의 이 유명한 공식을 1905년 상대성 이론을 발표한 뒤 생각해 냈다. 그는 질량과 에너지 사이에 밀접한 관계를 발견했다. 에너지는 어떤 일을 하는 힘을 말하고, 질량은 어떤 물질의 양을 나타낸다. 매우 달라 보이지만, 질량과 에너지는 물질의 상호 호환적 특징이다. 과학자들이 질량에너지라고 합쳐 언급하기도 한다. 이 공식은 아주 미세한 질량도 거대한 에너지를 포함하고 있음을 보여 준다. 앞서 설명했듯이 m은 질량을 뜻하고 c는 빛의 속도를 나타낸다. 빛의 속도는 그 자체로도 엄청난데(초속 약 30만 킬로미터), 여기에 제곱이면 더 엄청난 숫자가 된다. 이 광속의 제곱에 질량을 곱하면 정말 믿을 수 없는 숫자가 나온다. 그래서 아주 작은 질량도 엄청난 양의 에너지를 갖는다.

물론 우리가 일상생활에서 경험할 수 있는 현상은 아니다. 단 몇 그램의 물이나 토양, 비누로 전체 도시를 가동하는 모습은 볼 수 없다. 일상의 모든 에너지 생성 과정은 화학 공정이다. 음식으로 대사작용을 하거나 나무를 태우거나 휘발유로 엔진을 돌리거나 석탄으로 발전소를 돌리는 등의 모든 일은 화학반응으로 일어난다.

에너지를 원하는가? 게임의 법칙은 손실되는 질량에 있다. 화학 공정은 질량의 손실을 일으키지만, 너무 미세해서 측정하기도 어려울 정도다. 우리가 화학 공정을 통해 많은 에너지를 얻을 수 없는 이유다. 심지어 다이너마이트나 TNT도 마찬가지다. TNT 1파운드의 폭발로 일어나는 질량 손실은 5억 분의 1그램에 불과하다.

핵과정은 화학 공정과 확연히 다르다. 화학반응은 전자의 이동, 손실, 추가, 공유와 연관된다. 이런 화학반응은 원자의 핵에 아무런 변화도 일으키지 않는다. '핵과정'은 핵 주위를 도는 전자가 아닌 원자의 중심에 있는 핵에 반응을 일으킨다. 우라늄 원자의 핵을 예로 들면, 분열이 발생해 두 조각으로 나누어지면 이 조각들의 무게를 합쳐도 원래 무게에 못 미친다. 너무 이상한 상황이라, 처음에는 우리가 알던 일반적 지식으로 설명하지 못했다. 만약 빵을 두 조각으로 잘랐으면, 두 개의 조각을 합치면 처음 전체 빵의 무게와 같아야 한다.

하지만 핵의 단위에서는 다르다. 우라늄의 원자를 자르면 두 조각의 합은 우라늄 원자 전체의 무게보다 0.001퍼센트 정도 작다. 이 손실된 질량은 순수한 에너지로 전환되는데, 과연 어느 정도의 에너지일까? 아인슈타인의 $E=mc^2$이 그 답을 알려 준다. 아주 작은 질량이 엄청난 양의 에너지로 바뀐다.

우라늄-235 원자를 쪼개면, 원자에서 나온 입자들(중성자들)이 두 개의 원자를 더 쪼개고, 다시 네 개의 원자가 쪼개지고 또 여덟 개의 원자가 쪼개지는 연쇄반응이 일어난다. 이 반응이 순식간에 일어나면 원자 폭탄이 되고, 천천히 일어나게 통제하면 핵 발전소가 된다. 핵 발전소는 원자 폭탄처럼 폭발하지 않는다. 사용하는 연료가 다르기 때문이다. 대부분 원자로는 우라늄-235를 3퍼센트로 농축해 사용한다. 원자 폭탄은 우라늄-235가 90퍼센트로 농축된 우라늄을 사용한다.

동위원소는 원자의 양성자 수는 같지만, 중성자 수가 다른 두 가지 이상의 원소를 말한다. 예를 들어 우라늄-235와 우라늄-238은 양성자의 수가 92개로 같다. 하지만 우라늄-235는 중성자가 143개이며, 우라늄-238은 146개다.

이제 질문에 답을 해 보자. 사실 원자 폭탄을 만들 때 아인슈타인의 유명한 공식을 쓸 필요는 없다. 이 공식은 폭발의 크기를 측정할 때만 사용된다.

048

**X-레이를 찍을 때
왜 납 차폐물이 필요할까?**

슈퍼맨은 X-레이에 대한 납의 효과를 보여 주는 좋은 예다. 클라크 켄트는 기관차보다 강하고, 단번에 높은 빌딩을 뛰어넘을 수 있으며, 총알보다도 빠르고, 'X-레이 시야'를 갖고 있어 납을 제외한 모든 고체를 투시할 수 있다.

제리 시젤과 조 슈스터가 1930년대에 탄생시킨 이 만화 캐릭터에는 재미있는 물리학이 숨어 있다. X-레이는 전자레인지, 휴대전화, 라디오, 텔레비전 전파, 빛과 같은 전자기복사의 형태다. 이 모든 에너지 파동은 빛의 속도로 움직이며 위아래나 양옆으로 물결치는데, X-레이 파동은 다른 예시들보다 더 높은 진동수를 가진다. 높은 진동수(초당 진동수)는 복사에너지가 높다는 뜻이다. 높은 에너지의 광선은 물체를 더 깊이 관통한다. 그래서 의사들이 X-레이를 통해 우리 몸의 치아나 뼈를 촬영해 볼 수 있다. X-레이는 살은 뚫고 지나가지만, 밀도가 높은 뼈에는 일부가 흡수되어 사진 형태의 필름에 음영을 만들어 낸다.

지금까지는 좋은 점이었다. 이제 나쁜 점을 말하자면, 먼저 X-레이는 감마선과 같은 이온화 방사선(전리 방사선)이다. 이온화 방사선은 원자에서 전자를 떼어내 이온 상태로 만든다. 이온은 전자를 하나 이상 잃은 원자를 말한다. 이 원자는 완전한 상태가 아니라서 우리 몸의 화학 상태를 해롭게 바꾼다. 그 결과 일어날 수 있는 안 좋은 결과 중 하나가 바로 암이다.

그럼 X-레이를 어떻게 막을 수 있을까? 핵 주위를 도는 전자가 많은 원자로 이루어진 물체를 이용해 막을 수 있다. 에너지 보존의 법칙에 따라, X-레이는 공전하는 전자를 떼어낼 때마다 에너지를 잃는다. 전자를 가진 원자가 에너지를 얻으면 X-레이는 에너지를 잃는 것이다.

X-레이 차폐물[23]은 우리가 직접 만들 수 있다. 원자당 전자가 많고, 부피 대비 밀도가 높은 물질을 고르면 된다. 우라늄은 훌륭한 선택이다. 하나의 원자에 92개의 전자가 있고 밀도도 물보다 19배나 높다. 금도 역시 효과가 있다. 원자 하나당 79개의 전자가 있고 물보다 밀도가 19배 높다. 백금도 원자 하나당 78개의 전자가 있고, 물보다 밀도가 21배 높다. 하지만 우라늄, 금, 백금은 모두 굉장히 비싸고, 납보다 월등히 좋지도 않다. 그게 납을 사용하게 된 이유다. 원자 하나당 82개의 전자를 가지고 있으며 밀도는 물보다 11배 높다. 가격도 약 0.5킬로그램당 1달러 정도로 저렴하다.

치과에 가면 X-레이 전문가가 환자에게 납 선이 들어간 천을 씌운다. 그리고 X-레이 촬영 전에 자신은 납이 들어간 벽 뒤로 가, 납으로 처리된 창을 보고 지시 사항을 말한다. 오밀조밀한 전자들 덕분에 납은 어떤 이온화 방사선도 막을 수 있어, 모든 종류의 의료기기에 사용된다.

---

23 인간이 방사선을 받지 않도록 보호하기 위하여 사용하는 것으로, 적당한 두께와 물리적 특성을 가진 물질을 말한다.

049

**플루토늄은 무엇이고,
왜 핵폭탄에 사용될까?**

플루토늄은 방사성 금속으로 Pu로 표기한다. 이름은 한때 행성이었다가 지금은 왜행성으로 강등된 명왕성(Pluto, 플루토)에서 따왔다. 플루토늄은 핵에 94개의 양성자가 있어, 원자 번호는 94다. 가장 중요한 동위원소는 Pu-239로 핵에 중성자가 145개 있다. 이 94개의 양성자와 145개의 중성자를 더하면, 원자 질량은 239가 된다. Pu-239는 핵 발전소와 원자 폭탄 생산에 매우 중요한 원료다.

플루토늄의 반감기는 2만 4100년이다. 1파운드의 플루토늄을 갖고 있으면 2만 4100년 뒤에는 0.5파운드(약 227그램)가 된다. 나머지 0.5파운드는 다른 원소로 바뀐다.

순수한 상태의 플루토늄은 은빛을 띠는 흰색이지만, 공기에 닿으면 노란색과 녹색으로 변한다. 아주 무거운 물질로 금과 밀도가 비슷하다. 플루토늄 핵이 분열하면, 엄청난 양의 에너지를 운동에너지와 열에너지 형태로 방출한다.

플루토늄은 자연 상태에 존재하지 않는다. 1940년대 글렌 시보그와 에드윈 맥밀런이 이끈 연구팀은 우라늄에 중성자를 퍼부어 넵투늄을 만들었고, 넵투늄이 플루토늄으로 전환됐다. 원자 폭탄을 만들기 위한 '맨해튼 프로젝트' 기간(1942~1947)에 워싱턴주 핸퍼드에 있는 컬럼비아강을 따라 거대한 원자로가 설치됐고, 플루토늄이 생산됐다. 맨해튼 프로젝트에 참가한 과학자들은 뉴멕시코주 로스앨러모스 연구소에서 플루토늄이 포신형 폭탄에서 너무 빨리 분열한다는 사실을 발견했다. 그래서 그들은 내폭형 무기를 설계해 대칭적인 충격파가 플루토늄의 폭발을 유도하도록 설계했다.

플루토늄으로 만든 최초의 원자 폭탄은 뉴멕시코주 트리니티에서 1945년 7월 실험 폭파됐다. 그리고 플루토늄-239를 사용한 내폭형 원자 폭탄, 팻맨이 1945년 8월 9일 나가사키에 떨어졌다.

팻맨과 그보다 사흘 앞서 히로시마에 떨어졌던 리틀 보이가 전쟁 종식을 앞당겼다. 양 진영의 수천 혹은 수백만 명의 목숨을 구했고 러시아의 개입을 막았다. 만약 1945년 11월, 미국이 준비하던 일본 침공이 진행됐더라면[24] 더 큰 희생과 파괴가 일어났을 것이다.

모든 플루토늄이 핵폭탄을 만드는 데 쓰이지는 않는다. 플루토늄의 다른 동위원소인 플루토늄-238은 반감기가 88년이다. 이것은 알파 입자를 방출해 달과 목성, 토성 그리고 화성에 보낼 우주 탐사선의 전기 공급원으로 가치가 높다. 나사가 화성에 보낸 로봇 탐사선 큐리오시티는 그 붉은 행성에 2012년 8월 착륙했는데, 큐리오시티에는 4.8킬로그램의 플루토늄-238이 실려 있었다. 플루토늄-238을 장착한 인공심장 페이스메이커는 약 40년 동안 사용할 수 있다.

---

24 미국은 당시 몰락 작전(Operation Downfall)을 수행하려 했다. 이것은 미국, 영국을 중심으로 한 연합군이 일본 본토를 완전히 장악하려는 대규모 공격 계획이었다.

050

**세상에서 가장 정확한 시계는
무엇일까?**

인류가 최초로 발명한 시계는 해시계였다. 이후 괘종시계, 수정시계, 디지털시계 등이 개발되었지만, 현재까지 가장 정확한 시계는 원자시계다.[25]

'원자시계'라고 표시된 시계나 손목시계는 콜로라도주에 있는 미국 공식 원자시계와 시간을 맞출 수 있다. 이 시계들은 송신국에서 보내는 몇 가지 주파수의 단파를 수신할 수 있다. 미국표준기술연구소(NIST)와 미국 해군성 천문대는 콜로라도주 콜린스의 WWV와 WWVB, 하와이주 카우아이의 WWVH 라디오국에서 강력한 송신기를 이용해 시보를 보낸다. 주파수는 2.5, 5, 10, 15, 20메가헤르츠(MHz)다. 모든 라디오 전파의 수신은 날씨, 장소, 하루 중 시간, 연간 시간, 대기, 이온층의 상태 외 다른 요소에도 영향을 받는다.

라디오 수신기는 볼펜 끝만큼 크기가 작아 컴퓨터나 GPS 장치, 휴대전화에도 쉽게 내장할 수 있다. 이 소형 수신기는 며칠에 한 번 라디오 전파를 받아 시간을 수정한다. 대개 신호가 가장 강력한 밤에 업데이트된다.

컴퓨터처럼 인터넷을 사용하는 다양한 가정용 자동화 기기도 시간을 알아서 업데이트하고 수정하는 기능이 있다. 예를 들어, 컴퓨터의

---

25 수정시계는 수정의 진동수를 이용하며, 원자시계는 전자기파의 진동수를 이용한다.

윈도우는 미국표준기술연구소의 원자시계를 참고해 시간을 맞춘다. 컴퓨터에 표시되는 시간은 현재 원자시계의 시간과 당신이 있는 지역을 고려해 최신화된 정확한 시간이다.

WWVB는 60킬로헤르츠(kHz)로 디지털 타임 코드를 바꿔 보내는데, 수신용 안테나는 1과 0의 기호로 표기된 신호를 받는다. 수신기는 이 신호를 해독해 시간, 날짜, 서머타임, 평년과 윤년까지 구분해 낸다. 이렇게 표시되는 시간을 바로 '협정세계시'라고 한다.

우리 할아버지 세대는 추의 진동체가 낙하하는 힘으로 앞뒤로 움직이며 시간을 맞추는 시계를 썼다. 옛날 시계들은 태엽으로 동력을 얻고 평형 바퀴를 앞뒤로 굴려 시간을 맞췄다. 수정 시계는 수정의 진동체 진동을 사용한다. 회전하는 갈퀴처럼 생긴 작은 수정은 소형 배터리로 동력을 가하면 일정한 비율로 진동한다(보통 초당 3만 2768회).

미국표준기술연구소가 사용하는 원자시계는 1945년 물리학자 이지도어 아이작 라비가 원자들은 추나 평형 바퀴, 수정보다 훨씬 일정하고 정확하게 변함없이 진동한다는 사실을 발견해 만들었다.

초기 원자시계는 암모니아 분자의 진동을 이용했지만, 요즘은 세슘을 활용한다. 모든 원자는 특징적인 진동 주기가 있다. 세슘의 진동을 원자시계에 쓰려면, 먼저 진동 주기를 정확하게 측정해야 한다. 그래서 수정 발진기를 이용해 세슘 원자의 극초단파 공명을 잡아낸다. 이 신호는 라디오 스펙트럼(무선 주파수대)의 극초단파 범위 내에 있어, 직접 방송 신호와 같은 종류의 주파수를 낸다.

원자시계의 정확도에 대한 평가는 제각각이다. 한 과학자는 126년마다 1초 정도 틀린다고 말하고, 다른 과학자에 따르면 3000만 년마다 1초씩 틀린다고 한다. 어느 쪽이든 내가 죽기 전까지 틀릴 일이 없다!

미국표준기술연구소가 크고 비싼 원자시계를 사용해 아주 정확한 시간을 신호로 보내면, 비싸지 않은 원자시계를 산 우리도 정부의 원자시계와 똑같은 시간을 알 수 있다. 시간대만 잘 맞추면 된다.

051 눈에 보이지 않는 원자의 존재를 어떻게 알 수 있을까?

사람은 눈에 보이는 걸 믿는다. 하지만 누구도 원자를 볼 수 없다. 무언가를 보려면, 물체를 때리고 반사된 빛이 다시 우리 눈에 들어와야 한다. 하지만 원자는 빛의 파장보다 수천 배 작다. 그래서 빛이 하나의 원자를 비추고 튕겨 나올 일은 없다.

우리가 가진 원자에 관한 지식 대부분은 원자를 전자나 알파 입자로 때려, 원자에서 튕겨 난 입자가 어디로 가는지 관찰해 알아낸 것이다. 안개상자를 사용해 입자가 어디로 가는지 보거나, 특수 코팅된 스크린에 부딪히는 모습을 관찰한다. 안개상자는 알코올 수증기로 과포화된 밀폐된 상자다. 알파 입자는 상자 안에서 기체를 농축하고 미세한 거품을 내 관찰자가 볼 수 있는 흔적을 남긴다.

원자에 관한 이야기는 그리스 시대로 거슬러 올라간다. 개별성을 유지하는 모든 것 중 가장 작은 단위인 '원자'를 처음 생각한 사람은 고대 그리스의 철학자 데모크리토스(기원전 460~기원전 370)다.[26] 1869년 원소 주기율표를 만든 멘델레예프는 원소에 주기적으로 반복되는 성질이 있음을 보여 줬다. 1897년 영국의 과학자 조셉 존 톰슨은 기체에 전기를 흘려 전자를 발견했다. 영국의 물리학자 어니스트 러더퍼드는 1911년 금박에 알파 입자를 쏴 원자의 중심에 있는 핵을 발견했다. 1932년 제임스 채드윅은 핵에서 입자를 발견해 중성자라고 불렀다.

1930년대에는 흔히 '원자 파괴 장치'로 불리는 입자가속기로 원자의 크기와 질량을 측정하는 데 성공했다. 오늘날 원자의 모습을 가장 정확하게 다루는 분야는 양자 역학으로, 1900년대 초 닐스 보어, 에르빈 슈뢰딩거, 루이 드 브로이, 베르너 하이젠베르크가 발전시켰다.

1981년에는 주사형 터널 현미경(STM)이라는 신형 현미경이 개발됐다. 전기를 보내는 뾰족한 끝에 압전기 스캔 장치가 설치된 구조다. 이 수정으로 된 압전기 스캔 장치는 전압을 가하면 변형되며 스스로 전압을 생성한다. 뾰족한 끝이 원자에 접근하면, 원자와 장치 사이에 흐르는 전자, 즉 전류가 바뀐다. 이때 컴퓨터가 x값과 y값을 조직해 표면에 흐르는 전류의 패턴을 지도로 만든다. 오래된 축음기의 바늘이 레코드판의 홈을 따라 흐르는 것과 비슷하다. 이 STM 현미경은 과학자들이 원자의 외부를 볼 수 있게 한다.

---

26 영국의 과학자 존 돌턴은 1808년 최초로 현대적인 원자 가설을 제시했다.

방사선은 무엇이고, 우리 몸에서 어떤 일을 할까?

빛, 라디오, 텔레비전의 전파 등 모든 전자기파는 복사, 즉 방사한다. 하지만 방사선이라는 이름이 붙는 것은 기본적으로 방사성 물질에서 나오는 알파, 베타, 감마선 등이다.

알파 입자는 헬륨 원자의 핵으로, 두 개의 중성자와 두 개의 양성자로 이루어져 있다. 알파 입자는 핵 치고는 꽤 큰 편이라 어떤 물체를 깊게 관통하지 못해 종이 한 장이면 충분히 막을 수 있다. 하지만 알파 입자가 우리 몸에 닿으면 세포의 핵을 도는 전자를 떼어내 신체에 변화를 줄 수 있다. 알파 입자는 신체 외부에 닿으면 상대적으로 피해가 크지 않지만, 삼켜서 몸 안에 들어가면 엄청난 파괴력이 생긴다. 알파 입자가 몸속에서 얼마나 치명적인지 알고 싶으면, 알렉산드르 리트비넨코[27]를 중독시킨 폴로늄-210에 관한 설명을 읽어 보면 된다.

베타 입자는 전자 하나로 크기가 훨씬 작아 물체를 깊게 뚫고 들어간다. 하지만 대부분 얇은 플라스틱이나 금속 조각으로 막을 수 있다. 베타 입자는 알파 입자보다 더 깊이 침투하지만, 같은 깊이를 들어갔을 때 주는 피해는 상대적으로 적다. 알파 입자는 베타 입자에 비해 크

---

27 영국에 망명한 러시아 연방보안부 전직 요원이다. 망명한 후 러시아 푸틴 정권을 비판했다. 그는 런던에서 폴로늄-210이 들어간 홍차를 마시고 사망했는데, 이렇게 독극물 테러로 암살당하면서 러시아 정보부가 배후에 있는 것이 아닌가 하는 의혹이 커졌다.

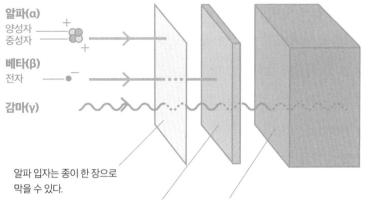

알파(α)
양성자
중성자

베타(β)
전자

감마(γ)

알파 입자는 종이 한 장으로
막을 수 있다.

베타 입자는 얇은 플라스틱이나
금속 조각을 뚫지 못한다.

감마 광선은 납도 몇 인치 통과할
정도로 막기 어렵다.

기가 커 조직에 큰 혼란을 일으킨다.

그렇다고 베타 입자가 무해한 것은 아니다. 피부에 베타 입자를 직접 쪼이면 피부를 붉게 하고 악영향을 끼칠 수 있다. 베타 입자의 흡입이나 섭취는 더 안 좋은 결과를 초래한다. 몸에 들어가면 조직과 장기를 손상하고 나중에 암을 일으킬 수도 있다.

감마선은 X-레이와 비슷하지만, 더 높은 에너지를 갖고 있다. 감마 방사선은 침투력이 좋아 종양 치료에 자주 사용하지만, 무분별한 노출은 신체 조직에 광범위한 피해를 줄 수 있다. 감마 광선은 질량이 없어, 어떤 물체와 충돌해도 쉽게 멈추거나 늦춰지지 않는다.

방사선은 사람을 죽일 수도 치료할 수도 있어, 잘 쓰면 도움이 되고 잘못 쓰면 해를 끼친다. 한 번에 많은 양은 치명적일 수 있지만, 같은 양이라도 한 달이나 일 년에 거쳐 쪼이면 거의 해를 끼치지 않는다. 그래서 많은 양의 방사선을 몸 전체에 쪼이면 죽음에 이르지만, 같은 양을 아주 적은 부위에 안전하게 쪼이는 것은 가능하다.

방사선에 관한 논란이 되는 질문이 있다. 아주 적은 양을 쪼이면 어떻게 될까? 인체에 방사선이 영향을 끼치는 최저점, 한계점은 어느 정도일까? 우리가 방사선을 발견한 지 100년이 지났지만, 아직도 논란이 되는 주제다.

053 정전기가 난 옷들은 왜 서로 붙을까?

무슨 말인지 안다! 난 아크릴 섬유로 된 겨울 윗옷이 세 벌이나 있다. 건조기에서 이 셔츠들을 꺼낼 때면 내 검은 면양말이 딸려 나온다. 탁탁 소리와 함께 불꽃이 보인다. 바로 정전기다. 전자가 전선 같은 전도체를 통해 움직이는 상태와는 전혀 다르다. 전류는 움직이는 전하를 표현하는 말이지, 멈춰 있는 전하(정전기)를 뜻하지 않는다.

물론 옷도 궁극적으로는 원자로 이루어져 있고, 원자는 전자, 양성자, 중성자로 구성된다. 전자는 음전하, 양성자는 양전하이며, 중성자는 전하를 갖지 않는다. 양성자의 수와 전자의 수가 같은 물질은 전하가 없다. 전하가 없는 중성 상태에서는 어떤 물체에도 붙지 않는다.

건조기 안에서 뒹구는 동안 아크릴 섬유로 된 옷은 음전하를 얻고,

면양말은 양전하를 얻는다. 이 전하들은 두 가지 종류의 물체 사이에서 마찰로 생겨난다. 전기적 성질도 서로 반대에 끌리기 때문에 양말이 윗옷에 붙게 된다. 양말을 윗옷에서 떼어 내면 전하가 미세한 번개를 일으켜 스스로 방전되며 중성이 된다. 불꽃처럼 보이는 이 작은 번개는 3만 볼트에 이르기도 하지만, 전류는 거의 없다.

1757년 처음 공개된 '마찰전기 목록'을 보면 정전기를 일으키는 물체들이 나열돼 있다. 한 물체가 다른 물체에 닿아 전하가 분리되는 극성에 따라 순서대로 표기한 것이다. 목록의 아래쪽에 있는 물체와 맨 위쪽에 있는 물체를 마찰시키면 더 많은 음전하를 얻을 수 있다. 아크릴 섬유 윗옷과 면양말은 이 목록에서 간격이 멀어, 전자를 많이 교환하고 강한 불꽃을 만든다.

054 음속 폭음은 무엇이고 어떻게 생기는 걸까?

돌멩이를 연못에 던지면 돌멩이가 물에 닿은 지점을 기준으로 동그란 형태의 파동(물결)이 퍼져 나간다. 보트 한 대가 물 위를 지나면 뱃머리와 선미에 파동이 생겨, 보트가 지나는 길마다 이어진다.

하지만 만약 보트가 물결의 이동보다 빠르게 움직이면 물결은 보트가 지난 길에서 빨리 빠져나오지 못해 후류(後流)를 만든다. 후류란 하나의 커다란 파동으로, 보트가 천천히 지나갔다면 뱃머리에 형성됐을 작은 파동들의 집합체다.

소리의 속도는 시속 약 1224킬로미터다. 만약 비행기가 소리보다 빠른 속도로 움직이면 음속 폭음이 발생한다. 이 폭음은 비행기의 음파가 만드는 항적이다. 비행기가 소리보다 빠르게 날아가면, 보통 비행기에 앞서갔을 음파들이 한데 모여 압축된다. 그래서 처음에는 아무 소리도 들리지 않다가 잠시 후 파동이 만드는 폭음이 터져 나온다.

비행기에서 나오는 음속 폭음은 엄청난 양의 폭발적 에너지와 소리를 동반한다. 소리의 크기는 비행기와 듣는 사람의 거리에 크게 좌우된다. 이 소리는 보통 깊은 이중 폭발의 형태로 들린다. 충격파는 비행기의 머리와 앞면에서 나오며 꼬리에서도 분출된다. 미국 플로리다주에 사는 사람들은 우주왕복선이 지구 궤도에서 돌아와 케네디 우주센터에 착륙할 때마다 이중 폭음을 듣는다.

초음속의 탄환이 지나가며 만드는 핑 하는 소리는 음속 폭음의 작은 예다. 가죽 채찍을 휘두를 때 소리도 마찬가지다. 채찍은 손잡이에서 끝으로 갈수록 점점 가늘어진다. 채찍의 부위별 속도는 질량이 줄어들수록 증가해, 끝부분은 소리보다 빠르게 이동한다.

앞서 소리의 속도를 시속 1224킬로미터라고 언급했지만, 정확히는 온도, 습도, 공기의 압력에 따라 달라진다. 고도 약 9144미터에서 소리의 속도는 시속 1078킬로미터로 떨어진다.

요즘 '마하' 수가 붙은 비행기가 많은데, 마하 1은 소리의 속도를 뜻하며 시속 약 1224킬로미터다. 마하 2는 그 두 배인 2448킬로미터, 마하 3은 세 배인 3672킬로미터다. 여객기 중 음속을 돌파했던 비행기는 영국과 프랑스가 공동 개발해 1976년부터 2003년까지 운항한 콩코드가 유일하다. 이 여객기는 런던, 파리, 워싱턴, 뉴욕 및 다른 도시를 마하 2의 속도로 비행했다.

척 예거[28]는 1947년 10월 14일 벨 X-1을 타고 최초로 음속의 벽을 돌파했다. 50구경 총알처럼 생긴 밝은 오렌지색의 벨 비행기는 지금 워싱턴 DC의 국립항공우주박물관에 전시돼 있다. 이 비행기는 라이트 형제의 1903년 플라이어 I 비행기 위에 걸려 있는데, 주변에는 1927년 단독 대서양 횡단 비행에 성공한 린드버그의 스피릿 오브 세인트루이스, 1969년 인류를 달에 데리고 간 아폴로 우주선의 컬럼비아호가 있다.

055 음악과 수학은 어떤 관계일까?

수학과 음악은 공통점이 많다. 둘은 모두 우리 두뇌가 창조한 것으로 무형이다. 이들은 나무나, 먼지, 직물처럼 보거나 만질 수 없다. 수

---

28 미 공군 준장으로 1947년 세계 최초의 초음속 항공기 벨X-1호의 시험 조종에서 초음속 비행에 성공하였다.

학과 음악 모두 뇌 속에서 일어나는 추상적 구조다.

음악은 수학을 기반으로 한다. 음악에서 두드러지는 수학적 특징은 두 가지가 있다. 하나는 스탠더드 피치[29]로 알려진 음고, 즉 음의 높이다. 피아노 건반 가운데쯤 있는 옥타브로 440헤르츠(Hz)이며, 가끔 초당 사이클 수(cps) 440으로 표시한다. 피아노에서는 가온 다 오른쪽에 있는 하얀 건반 다섯 개다. 가온 다는 262헤르츠다. 음의 높이나 음정은 초당 진동수를 뜻하는 말로 대개 같은 뜻으로 쓰는데, 진동수의 특정 진동 비율이 일정한 음파를 만들어 우리가 '음'으로 구분해 듣게 된다. 스탠더드 피치는 오케스트라가 기준으로 삼는 음고가 되기도 한다.

음악의 중요한 수학적 특징 중 또 하나는 1.059453의 값을 갖는 $\sqrt[12]{2}$다. 소수점 셋째 자리에서 반올림해 1.06으로 쓰기도 한다. 각각의 음은 숫자 1.06 간격으로 구분된다. $\sqrt[12]{2}$를 언급하면 우리는 이런 질문을 떠올린다. 대체 어떤 숫자의 12제곱이 숫자 2가 될까? 답은 1.06이다.

440헤르츠의 음을 골라 1.06을 곱하면 466헤르츠, A#이 된다. 그리고 466에 1.06을 곱하면 494헤르츠로 A 다음으로 높은음인 B가 된다. 494에 1.06을 곱하면 523헤르츠로 다음 음인 C다.

하나의 옥타브에는 열두 개의 음이 있으며 각각 반음으로 나뉘어 있다. 피아노는 풍부한 음향을 낼 수 있는 악기다. 일곱 개의 옥타브가 살짝 넘는 88개의 건반이 있다. 하얀 건반은 원음이고, 검은 건반은 #(샵)이나 ♭(플랫)이다. 음계에서 #은 반음 높은음을 말한다. F#은 F보다 반

---

29 A440이나 A4로 나타내거나 슈투트가르트 피치(Stuttgart pitch)라고도 한다.

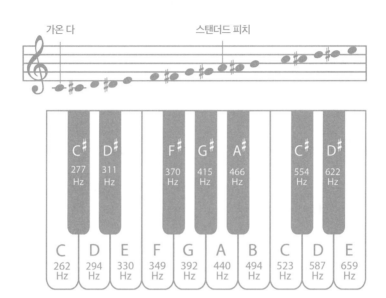

가온 다 · · · · · 스탠더드 피치

음 높다. 그리고 ♭은 약간 낮은음이다. B♭은 B보다 반음 낮다. 음악에 관한 이론들은 여기에서 모두 논하기엔 너무 복잡하지만, 박자표, 장음계, 단음계, 5도, 화성학, '3분의 1 올림', '5분의 1 올림' 등은 수학과 정말 밀접하게 관련돼 있다.

음악을 잘하는 학생들은 수학에도 탁월한 경향이 있다. 음악이 뇌의 두 반구 사이에 정보를 전달하는 신경 연결을 강화한다는 가설이 있다. 그리고 악기의 연주나 노래가 알츠하이머, 즉 치매를 예방하거나 악화를 늦추었다는 사례도 있다. 음악은 뇌의 모든 부분에 연관된다. 현재 이 분야에 관한 연구가 활발히 진행되고 있다.

**소리는 왜 물속에서
더 빨리 이동할까?**

물체를 통과하는 소리의 속도는 그 물체의 밀도에 달려 있다. 나무나 금속 같은 고체를 통과하는 소리는 진동으로 전파된다. 고체의 분자는 서로 단단하게 연결돼 있다. 소리는 통과하는 음파가 하나의 분자를 흔들고 그 분자가 주변 분자를 흔드는 식으로 전달되는데, 이 현상은 진동에너지가 모두 소진될 때까지 지속한다.

같은 현상은 대기 같은 기체에서도 일어나지만, 분자가 밀접해 있지 않으면 소리가 잘 전달되지 않는다. 분자들이 계속 진동해도 전달되는 시간이 오래 걸리기 때문이다.

어는점(섭씨 0도)에서 공기를 지날 때 소리의 속도는 초속 331미터, 곧 시속 약 1196킬로미터다. 소리는 담수에서 공기 중보다 네 배 정도 빠르고, 바닷물에서 조금 더 빠르다. 또 금속에서는 열다섯 배 더 빠르다. 알루미늄에서 소리의 속도는 시속 23040킬로미터에 달한다.

이렇게 소리는 공기 중에서 가장 느리고, 물에서 조금 빠르며, 금속을 통과할 때 가장 빠르다. 나무를 통과할 때는 금속보다 조금 느리다(시속 11880킬로미터).

대양에서 소리의 속도는 측정하기 까다로운데, 물의 온도, 압력, 염도에 따라 다르다. 순수한 물에서 소리의 속도는 초속 1400미터 정도지만, 태평양의 염도와 비슷한 3.5퍼센트의 소금물에서는 초속 1522

미터까지 나온다. 또 소리는 햇빛을 받는 대양의 윗부분에서는 온도에 큰 영향을 받는다. 그래서 바다에서 소리의 속도는 깊이, 위도, 계절에 따라 다르다. 깊은 바다에서는 압력도 큰 영향을 준다. 압력이 높을수록 소리는 빠르게 이동한다. 이런 복잡성은 잠수함 함장의 골치를 썩인다. 해군에서 수중 음파 탐지기 기술자들을 우대하는 이유다.

옛날 서부 영화에는 보안관이 귀를 땅에 대고 멀리서 오는 말들의 발굽 소리를 듣는 장면이 흔히 나온다. 기차 레일에 귀를 대고 멀리서 오는 기차 소리를 듣는 장면도 많다. 소리는 대기보다 단단한 땅이나 레일에서 더 빨리 이동할 뿐 아니라 진폭도 커져 더 멀리까지 전달된다.

057 눈이 내리면 왜 조용해질까?

그걸 느끼다니 당신은 굉장히 예민한 사람이다! 깨끗한 눈이 내린 세상은 평화롭고 고요하기 그지없다. 새로 내린 눈은 소리를 흡수한다. 멀리서 개가 짖는 소리는 은은히 사라진다. 자동차나 트럭 제설기가 지나는 소리도 잘 들리지 않는다. 이렇게 눈은 하루 꼬박 세상을 조용하게 만든다.

부드러운 눈은 훌륭한 소리 조절판 역할을 한다. 눈은 카펫과 같은 역할을 해 더 많은 소리를 흡수하고, 길을 마룻바닥보다 더 조용하게 만든다.

소리를 막는 건 눈의 배열이다. 물로 만들어진 눈송이는 다양한 모양과 무게를 갖고 있다. 어떤 결정은 뾰족한 별 모양이고, 다른 결정은 평평한 판 모양이다. 각각의 눈송이는 이런 결정이 수십에서 수백 개가 모여 이루어진다.

눈송이는 퍼즐처럼 딱딱 맞춰져 있진 않다. 헐겁게 쌓여 생긴 공간 사이로 많은 공기가 들어가 있다. 이렇게 빈 공간이 방음 타일의 격자들처럼 소리를 흡수한다. 눈과 수평으로 퍼지는 소리도 눈에 흡수되는데, 소리의 압력이 공기를 아래로 밀어 눈송이 사이의 공간으로 향하기 때문이다.

시간이 흐르면 중력이 눈을 압축하고, 표면에 있던 일부가 녹아 더는 소리를 효과적으로 흡수하지 못하게 된다. 바람과 햇빛 그리고 약간의 비도 눈의 소리 흡수 기능을 빠르게 무력화해, 부드럽고 숨죽은 소리는 더는 들을 수 없게 된다. 곧 눈의 표면은 방음 타일이 아닌 교실에 걸린 화이트보드처럼 된다. 단단해진 눈은 맨땅, 아스팔트 혹은 콘크리트처럼 소리를 반사하고 전달한다. 소음이 평소 수준으로 돌아간다. 존 그린리프 휘티어는 1866년 서사시 〈눈에 갇혀(Snow-Bound)〉로 눈 폭풍이 불어닥친 뉴잉글랜드 시골의 적막함을 노래했다.

미군은 음파를 사용해 눈의 깊이(적설량)를 인치 단위까지 정확하게 측정한다. 미국 산림청과 토지 관리국, 내무국 그리고 스키 리조트 업체는 모두 이 정보를 활용한다. 이 기술은 봄철에 눈이 녹은 물이 한 번에 빠져나가는 현상과 그로 인한 홍수를 예측할 때도 쓸 만큼 정확성이 높아졌다. 마지막으로 북극과 남극 지역 눈의 두께도 이 방법으로 관측한다.

058 콤팩트디스크는 어떻게 작동할까?

이제 mp3, wav 등의 음악파일에 밀려 CD가 옛날의 LP(Long Playing) 레코드 같은 취급을 받는 시절이 되었다. 하지만 사실 콤팩트디스크, 즉 CD(Compact Disc)는 공학 기술로 만들어 낸 놀라운 결과물이다(그 사촌격인 DVD 또한 마찬가지다).

CD 이전에는 음악을 45rpm[30] 레코드나 LP 레코드, 오픈릴 오디오 테이프, 8트랙 카세트, 소형 오디오테이프로 들었다. 그리고 이런 저장 장치들은 크기와 속도가 모두 달랐다.

이런 상황에서 1982년 두 개의 거대 기업, 일본의 소니와 네덜란드의 필립스가 콤팩트 오디오 시스템을 도입했다. 모든 디스크와 디스크 플레이어가 같은 방식으로 제작되고 재생돼 세계 어느 곳에서도 호환됐다. 드디어 일이 제대로 돌아가게 된 셈이다!

---

30 Revolution Per Minute. 회전 장치의 분당 회전수를 나타내는 단위로, 주로 컴퓨터의 하드디스크 속도를 나타낼 때 많이 쓰인다.

음악은 CD에 매초 4만 4100회 전기적으로 표본화된다. 파동의 진폭은 숫자로 전환되고, 그 숫자는 다시 아날로그-디지털 전환기에 의해 0과 1의 나열인 이진수(binary number) 신호로 바뀐다. 이 0과 1의 숫자는 마스터 스타일러스로 홈에 새기는데, 홈은 여러 개의 구멍으로 이루어져 플라스틱 디스크의 가운데부터 바깥쪽으로 연속적인 나선형으로 이어진다. 표면은 레이저빔을 반사하기 위해 알루미늄으로 얇게 코팅하고, 보호를 위해 광택제 필름으로 덮는다.

CD 재생기 안에는 CD에 저장된 데이터를 찾아서 읽는 레이저가 있다. 레이저는 디스크에 새겨진 홈을 따라 집중된다. 레이저빔은 디스크 바닥의 밝게 빛나는 알루미늄 표면에 반사돼 광전지를 때린다.

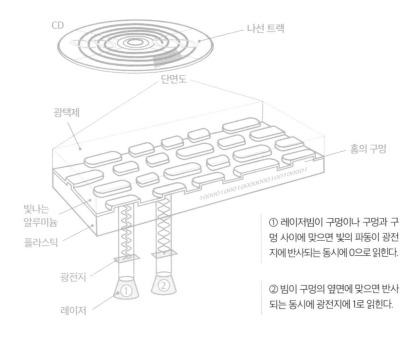

① 레이저빔이 구멍이나 구멍과 구멍 사이에 맞으면 빛의 파동이 광전지에 반사되는 동시에 0으로 읽힌다.

② 빔이 구멍의 옆면에 맞으면 반사되는 동시에 광전지에 1로 읽힌다.

광전지는 그 빛을 0과 1의 이진수로 바꾼다. 홈 구멍의 고랑이나 이랑은 1로 산출되고 구멍의 가장자리는 0으로 읽힌다. CD는 중심에서 밖으로 회전하며 읽히는데, 이는 예전에 사용하던 LP와 반대 방향이다. CD는 이렇게 숫자의 나열을 레이저로 읽고, 광전지가 레이저의 빛을 전기로 전환해 음악으로 바꿔 내보낸다.

구멍이 난 길은 극도로 가늘다. 폭 1밀리미터로 600개가 넘는 홈이 새겨진다. 초당 1.25미터가 재생되는데 디스크의 회전 속도는 중심부를 읽을 때는 초당 회전수(rpm)가 8.5 정도였다가, 바깥쪽으로 가면 3.5 정도로 줄어든다. 한 장의 콤팩트디스크는 약 75분의 음악이나 27만 5000장 분량의 문서를 저장할 수 있다.

059 두 물체가 충돌하면 왜 소리가 날까?

모든 소리는 공기가 빠르게 움직이며 생긴다. 두 물체가 충돌하면 이들은 앞뒤로 진동한다. 물체가 떨리면서 한쪽으로 밀리면 그 주변의 공기 입자도 같은 방향으로 밀려난다. 이때 밀려난 공기의 분자들은 앞에 있던 분자들을 밀고, 그 분자들이 또 앞의 분자를 미는 상황이 반복된다. 이렇게 압축된 공기의 흐름이 우리의 귀에 들어와 고막을 안쪽으로 민다. 이제 물체가 반대 방향으로 밀리면 주변에 있는 공기 분자를 당겨 부분 진공 상태를 만든다. 이렇게 압력이 줄어든 상태를 '희박화'라고 하는데, 이런 상태가 우리의 귀에 전달되면 고막을 밖으로 당긴다. 이런 공기의 압축과 희박화가 우리에게 소리로 인식된다. 충돌로 생기는 에너지 대부분은 열에너지다. 단순히 바닥에 공을 튕겨도 공과 바닥의 온도가 미세하게 올라간다. 하지만 동작으로 생기는 에너지, 즉 운동에너지의 일부는 소리에너지가 된다.

소리에너지로 변하는 운동에너지의 양은 충돌하는 물체의 종류와 구조, 충돌 속도에 좌우된다. 예를 들어, 총알이 나무에 부딪힐 때 나는 소리는 같은 조건에서 금속판에 부딪히는 소리보다 훨씬 작다. 나무는 금속판만큼 많이 진동하지 않는다.

어떤 물체가 진동하는 비율을 주파수라고 부르며, 헤르츠(Hertz)나 초당 사이클 수(cps)로 측정한다. 음악에서는 '음의 높이', '음정'이라고 한다. 진동 비율이 높은 물체는 주파수도 높다. 우리가 인지하는 소리의 음량은 진동의 폭으로 결정된다. 소음도, 즉 소리의 진폭은 데시벨(dB)로 측정한다. 인간의 귀는 아주 큰 소리도 들을 수 있다.

제트 엔진은 우리가 들을 수 있는 가장 작은 소리보다 1조 배 강력하다. 1조는 '0'이 열두 개나 붙은 큰 숫자다. 데시벨은 대수(對數) 단위로, 음량 증가 지수에 따라 증가한다. 즉, 소리가 거의 없는 상태는 0데시벨이고, 열 배 강력한 소리는 10데시벨이다. 20데시벨은 10데시벨보다 10배 강하고 0데시벨보다 10^2배 강한 소리가 된다. 마찬가지로 30데시벨은 20데시벨보다 10배 강하고 10데시벨보다 10^2배 강하며, 0데시벨보다 10^3배 강하다. 대수 단위는 이런 식으로 표기한다.

일반적인 대화의 음량은 40~60데시벨이다. 자동차의 경적은 100데시벨이 넘는다. 85데시벨이 넘는 소리를 계속 들으면 청력이 손상될 수 있다. 얼마나 장기간 노출되느냐에 따라 결과가 달라진다. 130데시벨이 되면 고통을 느낀다. 대부분 사람은 이 정도 음량에 노출되면 손으로 귀를 틀어막는다. 이 정도로 큰 소리는 일상생활에서는 접할 일이 별로 없다. 록 콘서트 현장에서 느낄 수 있는 음량이다!

4장

동식물과 다른 생물들의
신비를 풀어 보자

Ask a Science Teacher

060

씨앗은 어떻게 나무가 될까?

작은 씨앗 하나가 거대한 나무가 된다니, 정말 기적 같은 일이다. 작은 씨앗에는 성장에 관한 거대한 정보가 모두 들어 있어, 뿌리와 줄기, 잎을 갖춘 아름다운 나무가 된다. 그리고 땅속의 뿌리는 물과 영양소를 하늘 높이 뻗은 가지 끝까지 전한다.

나무들은 자신을 재생산해 줄 꽃을 피운다. 암술은 수술의 꽃가루와 만나 씨앗이 된다. 씨앗이 땅에 떨어져 환경이 충족되면 싹이 트고, 씨앗 속의 세포들은 활성화해 커지기 시작한다. 뿌리와 줄기, 잎의 기본 조직이 형성된다. 뿌리는 아래로 향하고, 줄기와 잎은 위를 향해 땅을 뚫고 나온다. 나무가 되기 시작한다!

나무는 인간의 삶을 편하게 해 주는 정말 고마운 존재다. 나무는 우리가 내뿜는 이산화탄소를 흡수한다. 그리고 우리가 호흡하는 데 필요한 산소를 내뿜는다. 인간과 정반대로 호흡하는 셈이다. 밤에는 광합성을 하지 못해, 식물들도 산소를 사용하지만 아주 미미한 양이다. 그러니 밤에 많은 산소를 흡수하기 때문에 식물은 침실에 두지 않아야 한다는 생각은 미신에 가깝다.

나무는 또 공기 중의 수분을 적당한 양으로 유지해 준다. 그리고 온도가 너무 높거나 낮아지지 않게 도와주는 역할도 한다. 나무가 성장하는 데 사용하는 기초 영양소는 탄수화물이다. 햇빛과 물을 이용해 복잡한 광합성 과정을 거쳐 만들어 낸다.

나무는 부름켜(형성층)에서 일어나는 세포 분열로 성장한다. 부름켜는 나무껍질 바로 안쪽에 목질부(물관부)와 체관부 사이에 껴서 자리 잡는다. 새로운 성장층은 매년 추가된다. 오래된 코트 위에 새로운 코트를 입는 식이다. 성장층은 나무 중심을 둘러싸고 형성돼 나무를 자르면 단면에 그대로 나타난다. 나무의 나이는 이 '테'의 개수를 보고 알 수 있다(나이테).

목질부는 물과 영양소를 뿌리에서 잎으로 전달하는 역할을 한다. 잎들이 만든 양분은 체관부를 따라 뿌리로 간다. 나무가 성장하며 목질부는 변재(나무껍질 바로 안쪽 부분)가 되고 체관부는 나무껍질이 된다. 나무의 수액은 대개 체관부를 통해 뿌리로 향하는, 잎이 만든 액체 형태의 양분을 말한다.

단풍나무(메이플)는 탄수화물과 당분을 변재에 저장한다. 봄에 기온이 오르면 내부의 압력이 높아지며 나무가 성장한다. 나무에 구멍을 뚫으면 수액이 나오는데, 이걸 졸이면 메이플시럽이 된다. 봄이 왔음을 알리는 첫 번째 신호는 야구 선수의 스프링캠프가 아니라 단풍나무에 자라는 새싹이다. 이런 새싹은 2월에 터져 나와 낮의 길이가 줄어들면 지기 시작한다.

미국에는 600종이 넘는 나무가 있다. 강털소나무는 5000년 이상 살 수 있다. 캘리포니아주의 레드우드는 115미터까지 자라기도 한다.

미국의 시인 조이스 킬머는 이런 말을 남겼다. "나는 나무만큼 사랑스러운 시는 본 적이 없다."

061

물고기도 잠을 잘까?

물고기도 잠을 잔다. 물고기는 눈꺼풀이 없어 잘 때 눈을 감지 않아 구분하기 힘들지만, 분명 하루 중 일부 시간을 자는 데 쓴다. 수조에 있는 물고기를 살펴보면 자는 모습을 구분할 수 있다. 바닥에 내려가 위치를 고정하기 위한 최소한의 지느러미 움직임을 제외하면 전혀 움직이지 않는다. 마치 외관상 죽은 것처럼 보이기도 한다.

과학자들이 물고기의 뇌파를 기록했는데, 깨어 있을 때와 잘 때는 확실히 다른 파동을 나타냈다. 우리도 확인해 볼 수 있는데, 금붕어가 잘 때 먹이를 살짝 떨어뜨리면 평소보다 반응하는 데 시간이 오래 걸린다.

어류의 수면은 인간과는 상당히 다르다. 물고기에게 수면은 활동을 줄이고 휴식을 취하는 상태로, 인간처럼 자는 동안 뇌가 활성화하는 급속안구운동(렘수면) 단계가 없다.

물고기의 수면은 신진대사를 줄여 원기를 회복하는 시간이다. 그런 관점에서 보면, 물고기뿐 아니라 인간이나 다른 모든 동물도 같다. 연구자들은 제브라 피시가 잘 때마다 약한 전기 충격으로 깨우는 실험을 했다. 그 결과 물고기들이 수면 부족과 불면증에 시달리는 모습을 발견할 수 있었다. 이렇게 시달린 물고기들은 틈만 나면 부족한 잠을 채우려 노력했다.

물고기는 잘 때 다양한 행동을 나타낸다. 어떤 물고기는 산호나 진흙에 들어가 자기도 한다. 파랑비늘돔은 자신의 주위에 점액으로 침낭을 만든다. 다른 물고기는 눈에 잘 안 띄게 몸을 어두운색으로 바꾼다. 어떤 상어는 아가미에 물과 산소를 지속해서 공급하려고 자면서도 계속 움직인다. 피라미는 자는 동안 행동이 완전히 바뀐다. 깨어 있을 때는 다 같이 모여 활동하지만 쉴 때는 모두 흩어져 꼼짝도 하지 않는다.

062 식물의 뿌리는 어떤 역할을 할까?

식물의 뿌리는 인간의 심장과 두뇌처럼 생명을 유지하는 데 꼭 필요한 기능을 한다. 뿌리는 식물을 땅에 고정하고, 성장과 번식에 필요한 양분을 저장하며, 식물이 사는 데 필요한 수분과 질소, 황 같은 미네랄을 공급한다. 식물은 동물처럼 움직이지 못해, 먹이를 찾으러 이동하지 못한다. 대신 신기하고 놀라운 방법을 사용해 번식한다.

대부분 식물은 스스로 양분을 만들어야 살 수 있다. 광합성 과정을 통해 햇빛을 가두고 그 에너지를 이용해 이산화탄소와 물을 포도당(글루코스)이라는 당분으로 바꾼다. 포도당은 식물에게 에너지원이 되고, 섬유소로 세포벽을 만드는 데 사용된다.

식물의 잎에는 작은 구멍, 기공이 있어 수분이 증발해 손실된다. 이 미세한 구멍은 이산화탄소가 들어오고 산소가 나가는 길이기도 하다. 수분이 빠져나갈 때 더 많은 물이 뿌리를 통해 들어오는데, 이 전체 과정을 증산작용이라고 한다.

인간은 혈관을 통해 심장에서 다른 신체 부위로 혈액을 보낸다. 이는 상당히 복잡한 배관 설비다. 식물도 혈관 같은 역할을 하는 조직이 있는데, 두 가지 종류의 아주 미세한 관으로 이루어져 있으며 인간의 혈관보다 훨씬 단순하다. 뿌리에서 잎으로 물과 무기질을 나르는 목질부와 포도당을 식물의 다른 부위로 옮기는 체관부가 그것이다. 거의 모든 식물이 양분을 스스로 만들지만, 파리지옥 같은 예외도 있다. 파리지옥은 척박한 토양에서 자라 곤충을 잡아 대부분 양분을 얻는다. 잎자루 끝에는 감각모가 있는 집게 모양의 함정(잎)이 있다. 곤충이 집게 위를 지나다 감각모를 건드리면 함정 속에 갇혀 버린다.

인류는 처음 이 땅에 존재했을 때부터 식물의 뿌리를 먹어 왔다. 미국의 원주민은 현재 아이다호주와 오리건주의 밀밭에 자라던 애기백합을 먹었다. 애기백합은 30~150센티미터 정도 자라며, 해바라기와 약간 닮았지만 연보라색의 꽃이 핀다. 이 식물의 구근은 가을에 열리는데 모양과 맛이 구운 감자와 비슷하다. 요즘 미국에서 먹는 식물의 뿌리는 토란, 얌, 비트, 루타바가, 당근 등이 있다.

감자는 흥미로운 식물이다. 모든 식물은 뿌리, 줄기, 잎의 세 가지 부분으로 나뉜다. 뿌리는 땅속에 숨겨진 부분이다. 줄기는 목질 부분으로 식물을 지지하는 역할을 한다. 잎은 녹색의 평평하고 얇은 모양으로, 양분을 만든다. 하지만 감자의 줄기는 특이하다. '덩이줄기'로 땅속에서 자라며 뿌리의 역할 중 일부를 수행한다. 감자는 긴 세월에 거쳐 뿌리가 아닌 줄기에서 양분과 물을 저장하도록 진화한 것이다.

스컹크의 방귀 냄새는 왜 구릴까?

스컹크는 항문 양쪽에 있는 두 개의 샘에서 기름진 액체 분비물을 만드는데, 여기에 '티올'이라는 황 화합물이 포함돼 있다. 티올은 아주 지독하고 공격적인 냄새가 난다. 고무 타는 냄새와 달걀 썩은 냄새, 강한 마늘 냄새가 섞인 것과 비슷하다.

스컹크는 이 스프레이 무기를 최후의 수단으로 사용한다. 상대를 향해 먼저 발을 구르고, 검고 흰 털을 세우고 소리를 내며, 꼬리를 높게 세워 경고한다. 하지만 공격하기로 마음먹으면 분비샘 옆의 근육을 이용해 정확히 액체를 분사한다. 발사 거리는 3미터에 이른다. 스컹크는 4~5회 정도 쓰기에 충분한 화학물질을 몸속에 갖고 있다. 다 쓴 뒤에는 '재장전'까지 일주일이나 그 이상이 걸린다.

새끼 스컹크는 영어로 키트(kit)라고 부른다. 눈도 뜨지 않고, 귀도 들리지 않은 채로 태어나 3주 뒤에 눈을 뜬다. 젖은 2개월이면 떼지만, 어미와 일 년 정도 함께 생활한다. 새끼 스컹크는 너무 연약해 어미는 새끼를 지키는 데 전력을 기울인다. 스컹크가 방귀를 뀌는 대부분의 경우가 새끼를 지키기 위해서다.

스컹크는 야행성이라 주로 밤이나 어스름이 깔린 이른 새벽에 활동한다. 늑대나 오소리, 여우 같은 포식자는 스컹크를 피한다. 수리부엉이는 예외인데, 냄새를 잘 못 맡아 하늘에서 들이닥쳐 새끼 스컹크를 낚아채곤 한다.

스컹크는 잡식이다. 식물과 동물을 가리지 않고, 곤충, 지렁이, 설치류, 새, 알, 열매, 뿌리, 견과류까지 먹는다. 심지어 벌집도 뒤지는데, 털이 두꺼워 벌들이 침을 쏴도 소용없다. 아무거나 잘 먹는 스컹크는 시골에서 사람들이 버리는 쓰레기를 뒤지기도 한다. 그래서 집에서 키우는 개나 고양이 등과 자주 마주쳐, 이 녀석들이 사람보다 더 자주 스컹크 방귀의 희생양이 된다.

스컹크는 청각과 후각이 발달했지만, 시각이 안 좋아 자동차나 트럭에 많이 치인다. 그러면 죽은 스컹크의 분비샘이 열리며 자극적인 화학물질이 냄새를 풍기며 퍼진다.

그런데 스컹크에게 당한 사람이나 동물은 어떻게 해야 할까? 전통적인 방법은 토마토 주스로 씻는 것이다. 이 방법이 도움이 되긴 하지만, 스컹크의 냄새를 잠시 덮을 뿐이라 분비물에 맞은 부위가 물에 젖으면 다시 냄새가 난다.

뱀은 왜 물까?

뱀이 무는 이유에는 몇 가지가 있다. 위협을 느껴 <u>스스로를</u> 보호해야 할 때, 깜짝 놀랐을 때, 어떤 상황에서 탈출할 방법이 없을 때, 배가 고파 먹이를 구해야 할 때다. 뱀은 자신은 보호하지만, 알이나 영역, 갓 부화한

새끼는 대개 보호하지 않는다. 뱀의 알이 있는 곳을 '둥지'라고 부른다.

전 세계에는 약 3000종의 뱀이 있지만, 독이 있는 건 25퍼센트 미만이다. 호주는 서식하는 뱀 중 독사의 비율이 가장 높은 나라다.

뱀은 서로 물거나 싸우지 않는다. 하지만 왕뱀이나 코브라 같은 일부 종은 다른 종의 뱀을 먹기도 한다. 뱀이 사람을 무는 경우는 드물다. 물려서 죽음에 이르는 경우도 드물다. 독사에 물리는 상황 중 절반은 제대로 대처하지 못하거나, 뱀을 자극하거나 피하지 않아 발생한다.

전설에 따르면 클레오파트라는 작은 뱀에게 일부러 물려 자살했다. 아마 이집트 코브라일 확률이 높다. 그녀는 자신의 연인 안토니우스가 죽었다는 소식을 듣고 자살을 결심했다. 뱀은 중세 시대 처형의 한 방법으로 이용되기도 했다. 사형수를 뱀 구덩이에 던져 여러 번 물려 죽게 하는 방식이었다.

뱀에게 물린 독을 제거하는 데 사용하는 항사독소는 1895년 프랑스에서 개발됐다. 요즘은 항사독소를 만들기 위해 말에게 소량의 뱀독을 반복해서 주입한다. 면역 체계가 독에 반응해 항사독소가 포함된 항체가 형성되면, 말의 피에서 항체를 추출한다.

미국에는 독사에 관한 미신이 많다. 그중 하나는 방울뱀이 자기 몸 길이의 다섯 배나 되는 거리를 뛰어서 표적을 물 수 있다는 것이다. 또 뱀이 끈적한 생물이라는 편견도 있다. 사실 뱀은 만져 보면 건조하다. 독사에 물린 상처를 치료하는 방법도 잘못 알려져 있다. 칼로 상처를 'X'자로 절개한 뒤 피를 빨아내라는 것이다. 그리고 빨리하지 않으면 죽는다고 알려져 있다. 하지만 이 방법은 오히려 위험할 수 있다.

사실 독성이 강하기로 유명한 방울뱀에게 물린다고 해도 꼭 죽지는 않는다. 물렸을 때는 일단 최대한 움직이지 말고 침착하게 상처를 심장보다 낮게 둬야 한다. 물이나 음식은 섭취하지 않고, 서둘러 병원에 가는 게 최선이다.

뱀에 대한 편견 중 일부는 성경에서 비롯됐다. 무엇보다 이브를 속여 선악과를 먹게 한 게 뱀 아닌가? 이런 생각은 오래전부터 이어져 왔다. 비록 나는 뱀보다 개를 더 좋아하지만, 신의 왕국에는 뱀을 위한 자리도 마련돼 있으리라 생각한다.

065 꽃은 어떻게 색을 낼까?

꽃과 과일의 색 대부분은 안토시아닌이라는 색소에서 나온다. 안토시아닌은 수용성으로 플라보노이드 계열의 색소다. 색소는 유기 화합물로, 그 종류에 따라 식물이나 동물 조직의 독특한 색이 결정된다. 예를 들어, 엽록소(클로로필)는 식물의 줄기와 잎에 녹색을 만든다. 헤모글로빈은 피에 붉은색을 낸다.

많은 채소와 과일에 들어 있는 화합물인 플라보노이드는 항산화 성질이 있다. 일부 플라보노이드는 혈관 벽을 보호하고, 일부는 알레르기를 완화하며, 일부는 암이나 바이러스를 막는다. 소염제 역할을 하는 플라보노이드도 있다.

꽃의 파랑, 보라, 분홍, 빨간색은 안토시아닌에서 비롯된다. 또 식물들은 당근의 주황색과 토마토의 빨간색을 내는 카로틴이나, 잎의 녹색을 내는 엽록소, 달걀의 노른자나 옥수수의 노란색을 내는 잔토필 같은 색소도 만든다.

빨간 양배추에 든 안토시아닌은 pH(산성이나 알칼리성의 정도를 나타내는 수치) 농도에 따라 색을 바꿔, pH 농도 측정 실험에 흔히 사용된다. 빨간 양배추 즙으로 처리한 종이는 산성 용액(낮은 pH)에 닿으면 붉게 변하고, 알칼리성 용액(높은 pH)에 닿으면 녹색이나 노란색으로 변한다.

색은 식물의 번식에 중요한 역할을 한다. 식물은 꽃가루가 있는 남성기관 수술과 여성기관 암술을 이용해 번식한다. 암술머리는 같은 종의 다른 개체에서 온 꽃가루를 받는 역할을 한다. 하지만 식물은 움직일 수 없으니 곤충이나 새에 의지해 꽃가루를 옮긴다. 밝은색의 꽃은 곤충이나 새가 꿀이나 꽃가루 쪽으로 오도록 유혹한다. 노란 꽃은 벌을, 빨간 꽃은 새를 자극한다.

일부 꽃은 성장기 뒤 색이 바뀐다. 예를 들어, 물망초는 분홍에서 파란색이 된다. 델피니움, 참제비고깔도 색을 바꾼다. 색의 변화는 곤충들에게 꽃이 노화해, 수분 시기가 지났다는 신호를 보낸다.

어떤 꽃은 밤에 꽃잎을 닫는다. 내가 자란 농장에는 나팔꽃도 있었는데, 밤에는 봉우리가 닫히고 낮에는 열렸다. 이 꽃들은 빛과 온도에 반응한다. 열이 전해지면 꽃의 안쪽 면이 생장이 빨라져 꽃이 열린다.

저녁에 기온이 내려가면 꽃 바깥 면의 생장이 빨라져 닫히게 된다. 빛에 반응하는 꽃은 세포에 피토크롬이라는 색소가 있다. 이 광수용체 세포는 빛의 양에 따라 크기가 커졌다 줄었다 한다.

사람들이 꽃을 키우는 이유는 꽃의 색이 결혼, 장례식, 기념일, 선물, 생일 같은 것들을 떠올리게 하기 때문이다. 미국에서 백합은 부활절을, 포인세티아는 크리스마스를, 장미는 어머니날을 떠올리게 한다. 장미의 붉은색은 사랑을 상징하고, 분홍색은 고상함과 행복, 우아함, 감사를 상징한다. 수선화나 국화의 노란색은 즐거움과 우정을 의미한다. 흰색은 순수함, 천진, 침묵 그리고 천국을 상징한다. 연한 붉은 계통의 꽃은 흔히 첫 데이트를 의미한다. 보라색 꽃은 왕족과 의례를 나타낸다. 수국과 붓꽃의 파란색은 평화와 청명함을 나타낼 뿐 아니라 근심을 잠재운다는 이야기도 있다. 하지만 과학자들은 이런 주장들을 미심쩍어한다.

066 고양이는 흰색과 검은색을 구별할까?

한때 고양이는 색맹으로 여겨졌지만, 요즘은 과학자들이 더 정확한 정보를 알아냈다. 고양이가 일부 색을 구별할 수 있다는 사실은 여러 실험을 통해 증명됐다. 고양이는 빨강, 파랑, 노랑 빛을 구별할 수 있고, 빨강과 녹색 빛의 차이도 구분한다. 하지만 가시광선 스펙트럼 중 붉은빛 쪽에 있는 색들은 잘 구분하지 못한다.

연구에 따르면 고양이는 인간보다 더 많은 회색 단계를 구별할 수 있다. 하지만 채도를 구분하는 능력은 떨어져 인간만큼 색을 강렬하게 느끼지는 않는다. 사실 고양이는 색에 큰 관심이 없다. 고양이의 역사와 선조를 살펴보면, 색은 생존에 그다지 중요한 요소가 아니었다. 생존을 위해서는 움직임을 감지하는 능력이 중요했다. 고양이는 시야 안에서 무언가가 아주 조금만 움찔거려도 찾아낸다.

그렇다면 고양이는 어두운 곳에서 물체를 볼 수 있을까? 완전한 어둠 속에서는 불가능하다. 하지만 야행성 포식자인 고양이는 아주 희미한 빛만 있어도 물체를 감지한다. 비록 희미한 빛이 있는 어두운 곳에서는 주변이 흐리게 보이고 잘 보이는 시야의 거리가 1.8~3.6미터에 불과하지만, 인간보다 훨씬 잘 본다.

고양이의 눈에는 망막 뒤에 휘막이라고 불리는 판이 있다. 망막을 통해 들어오는 빛을 반사하는 데 특화된 세포로, 광수용체가 더 많은 빛을 흡수하게 한다. 광수용체는 빛을 전기 신호로 바꾸는 세포다. 고양이가 어두운 곳에서도 잘 볼 수 있는 건 휘막 덕분이다. 동물의 왕국에 있는 많은 밤의 사냥꾼은 선천적으로 휘막을 갖고 있다. 이 막은 그들의 시력을 높여 주고 어두운 곳에서 인간이 못 보는 것도 보게 해 준다. 밤에 짐승들의 눈이 금색이나 녹색으로 빛나는 것은 휘막에서 빛을 반사하기 때문이다.

나는 어렸을 때 농장에서 들쥐들을 잡게 할 목적으로 고양이를 키웠다. 이 삼색 얼룩무늬 고양이는 들쥐 구멍에서 약간 떨어져 웅크리고 몇 시간을 기다리다가 들쥐가 나오면 곧바로 달려들어 물어 죽였다. 그러고는 그것을 입에 물고 우리가 볼 수 있게 농장 건물 근처로 가져왔다.

당시에는 들쥐와 두더지, 방울뱀을 잡으면 정부에서 포상금을 줬기 때문에 우리는 들쥐를 잡는 고양이를 좋아했다. 고양이가 죽은 들쥐를 우리 발밑에 두면, 우리는 그 꼬리를 잘라 양철 깡통에 소금으로 절여뒀다. 그리고 그 통은 차고에 보관해 놨다. 꼬리를 자른 들쥐는 다시 고양이에게 줬다. 우리가 돌려주지 않으면 고양이는 들쥐를 잡아도 우리에게 가져오지 않고 풀밭에서 먹을 게 뻔했다.

들쥐의 꼬리는 하나에 5센트, 두더지의 발은 하나에 25센트였다(앞발을 양쪽 모두 가져가야 했다). 포상금을 담당하는 면서기가 따로 있을 정도였다. 다른 농장 고양이들이 우유와 빵, 남은 음식을 흥청망청 먹는 동안 우리 고양이는 먹이를 직접 잡았다. 하지만 미안하게도, 고양이를 위한 복지는 없었다!

067 불가사리는 어떻게 다리가 다시 자랄까?

불가사리는 놀라운 재생 능력이 있다. 다리 한쪽이 잘려도 몇 달 뒤면 다시 자라난다. 불가사리를 반으로 자르면, 두 마리의 불가사리로 재생된다. 일부 종은 몸통(중심반) 일부가 있어야 새로운 불가사리로 재생되지만, 어떤 불가사리는 잘린 다리 하나에서 몸 전체가 다시 생겨나기도 한다.

'잘린' 불가사리의 부분에서 몸 전체가 재생하는 순서는 이렇다. 가장 먼저, 잘린 부분에서 초승달 모양으로 몸체가 형성된다. 그리고 그곳에 구멍이 생겨 입의 모양을 갖춘 뒤, 다리가 자라고 관족이 나타나기 시작한다. 몸통이 자라고 입이 생겨 다시 먹이를 먹기 전까지는 잘린 다리에 저장돼 있던 영양분을 사용한다. 완전히 모습을 회복하는 데는 일 년 혹은 그 이상이 걸린다.

불가사리는 7000종의 극피동물 중 하나로 분류된다. 성게와 해삼도 같은 과에 속한다. 불가사리는 최소 1500종 이상이 있다. 해양생물학자들은 이들을 물고기와 확실히 구분해 부른다. 이를테면, 일반인들은 불가사리를 '별 모양 물고기'라는 뜻으로 'starfish'라고 부르지만, 해양생물학자들은 꼭 '별 모양 바다생물'이라는 뜻에서 'sea star'라고 불러야 한다고 주장한다.

대부분 불가사리는 다리가 다섯 개지만, 더 많은 종도 있다. 영국 해안 먼 곳에서 발견되는 해바라기 불가사리는 다리가 스물네 개나 있고, 1미터 가까이 자라기도 한다. 하지만 가장 흔한 불가사리는 다리가 다섯 개 달린 것으로, 크기는 손바닥만 하다.

불가사리는 공학적으로 놀라운 구조다. 윗면에 난 구멍에서 수백 개의 작은 관족까지, 바닷물이 통하는 작은 관이 그물처럼 연결돼 있다.

각 관족은 바닷물로 채워진 텅 빈 관이다. 불가사리는 혈관도 바닷물로 채워져 있다. 혈관의 물을 관족으로 보내 팽창시켜 이동한다. 다리에 있는 근육은 물을 되돌려 보낼 때 사용한다. 불가사리는 관족을 이용해 다리를 독립적으로 움직여 해저를 마음대로 이동한다.

다리의 끝에는 원시적인 형태의 눈, 안점이 있어 빛과 어둠을 구분하지만 움직임은 감지하지 못한다.

이들은 아주 독특하게 먹이를 먹는다. 불가사리의 입은 몸통의 밑에 있는데, 먹이를 삼킬 때 위가 밖으로 뒤집어져 나오는 '외번'을 한다. 불가사리가 홍합을 사냥할 때에는 관족을 이용해 홍합 껍데기를 연다. 그리고 주머니를 뒤집듯 위를 뒤집는다. 이 위를 홍합 껍데기 안에 밀어 넣고 알맹이를 빨아 먹는다. 단단한 껍데기를 일일이 부수지 않아도 되는 기발한 방법이다.

068 호박벌은 작은 날개로 어떻게 멀리 날 수 있을까?

호박벌은 엄청난 덩치에 아주 작은 날개를 가져 생물학자들과 공기 역학을 다루는 학자들에게 수십 년 동안 호기심의 대상이었다. 하지만 현대 과학은 놀라운 도구를 사용해 '호박벌의 비행'에 관한 비밀을 파헤쳤다. 과학자들은 호박벌을 고속 디지털카메라로 촬영하고 날개를 본딴 로봇 모델을 만들어, 이 놀라운 곤충이 어떻게 비행할 뿐 아니라 하늘에서 정지하기까지 하는지 알아냈다. 무엇보다 놀라운 점은 호박벌은 자신의 무게만큼 무거운 꽃가루와 꿀을 갖고 벌집으로 돌아간다는 사실이다.

벌은 스물네 개의 숨구멍으로 산소를 들이쉬며, 박쥐나 새처럼 자신의 체중만큼 산소를 사용한다.

호박벌은 초당 날갯짓을 200번 정도, 한 시간에 무려 80만 번이나 한다. 정치인이 떠들어대는 말보다 빠르다! 벌의 빠른 날갯짓은 신경 충격에서 비롯한다. 팽팽하게 당겨진 고무줄을 튕기는 것과 비슷하다. 한 번의 신경 충격은 날개가 10~30회 움직이게 한다. 호박벌의 날갯짓으로 생긴 양력은 새나 비행기가 날개로 만드는 양력과는 조금 다르다. 벌의 경우, 날개 끝 위로 작은 저압의 소용돌이가 생겨 날개를 위로 끌어 올리고 양력을 만든다.

벌은 꽃가루나 꿀을 나를 때 어떻게 할까? 날갯짓을 빨리하는 대신, 날개(표면)를 약간 더 뻗어 소용돌이를 조금 더 세게 만들고 결과적으로 더 큰 양력을 만든다. 과학자들은 벌의 비밀을 알아내려고 벌을 산소와 헬륨으로 가득 찬 공간에 넣고 실험했다. 벌은 산소로 호흡할 수 있었지만, 헬륨이 그 안의 밀도를 낮춰 날개를 더 열심히 휘저어야 했다.

이렇게 풀어 낸 호박벌 비행의 비밀로 떠다니는 항공기를 개발해, 군사 감시 지역 정찰이나 지진과 쓰나미의 관측 혹은 구호 물품 전달의 용도로 사용할 수 있을지도 모른다.

새들은 왜 노래할까?

　새들이 새벽에 노래하는 가장 큰 이유는 자신의 영역을 알리기 위해서다. "난 밤을 이겨냈고, 아직 여기 버티고 있다"라고 말하는 것이다. 새벽이 오면, 공기가 차분해지고 거슬리는 소음도 없어진다. 소리는 차갑고 밀도 높은 정체된 공기 속에서 더 잘 전달된다. 이른 아침에 울려 퍼지는 새의 노래는 정오에 부르는 노래보다 스무 배나 더 잘 퍼져 나간다. 해뜨기 한 시간 전이 새들이 노래하기에 가장 좋은 시간이다.

　새들은 종마다 다른 시간대에 노래한다. 미국에서 개똥지빠귀들은 새벽 3시나 4시에 운다. 생물학자들은 이 새들이 주변의 경쟁자가 잘 들을 수 있는 시간을 감지한다고 말한다. 나이팅게일과 굴뚝새도 패턴이 같다. 깨어 있는 시간에 우는 새들은 대부분 수컷이지만, 모든 조류가 그런 건 아니다. 개똥지빠귀와 찌르레기, 붉은가슴밀화부리의 암컷은 수컷 못지않게 큰 소리로 노래할 수 있다. 올빼미 암컷도 마찬가지다.

　물론 모든 지저귐이 영역 표시를 의미하지는 않는다. 새들은 짝짓기 철이 오면 더 큰 소리로 더 자주 노래한다. 하지만 짝짓기 철이 다가오면 아침에 노래하는 소리는 잦아든다. 집을 단장하는 데 더 많은 시간을 쓰기 때문이다.

　새벽은 아직 어두운 시간이라 먹이를 구하러 다니기 힘들고, 마땅히 할 일이 없어 노래한다는 견해도 있다. 어떤 새는 새벽보다는 어스름이 지는 저녁에 노래하기도 한다. 예를 들어, 참새는 초저녁에 신나게 노래한다.

　사람은 다른 사람이 말하는 걸 듣고 말하는 법을 배운다. 그래서 태어날 때부터 귀가 안 들리는 사람이 발음을 똑바로 하기는 거의 불가능하다. 하지만 새의 경우는 조금 다르다. 부화할 때부터 지저귈 수 있는데, 어른 새가 내는 소리를 듣고 자기 소리를 다듬을 뿐이다. 어린 새가 울음소리를 조율하는 데는 몇 달 정도 걸린다.

　새는 소리를 내는 특별한 기관인 '울대'를 갖고 있다. 인간의 성대나 후두와 같은 부위다. 새의 폐에서 나온 공기가 울대의 근육과 막을 통과하고, 이 막이 진동하며 소리를 만든다.

　날면서 우는 새도 있지만 소수에 불과하다. 사람은 말을 하는 동시에 움직이고 걷기도 하지만, 대부분 새는 노래할 때는 날개짓을 멈춘다.

　찌르레기는 놀라운 새다. 이 새는 자동차 경적이나 경찰 사이렌 소리, 전화벨 소리를 듣고 흉내 낸다. 심지어 자신들의 노래 중간에 이 소리를 넣기도 한다.

070 해바라기는 왜 항상 태양을 쳐다볼까?

　해바라기는 태양추적반응을 한다. 말 그대로 '태양을 추적하는 반응'을 한다는 뜻이다. 태양의 움직임에 반응하는 일일운동이다. 해바라기는 하늘의 태양을 따라 동쪽에서 서쪽으로 고개를 돌린다. 밤에 고개를 아무 방향으로 두었다가도 새벽이 오면 다시 동쪽을 향한다. 하지만 이렇게 해를 쫓는 해바라기의 움직임은 싹을 틔우는 시기에만 나타난다. 개화기가 되면 태양추적반응은 끝나고 줄기가 대개 동쪽을 향해 굳는다.

해바라기 꽃의 움직임은 꽃 머리 바로 아래 있는 엽침[31]으로 불리는

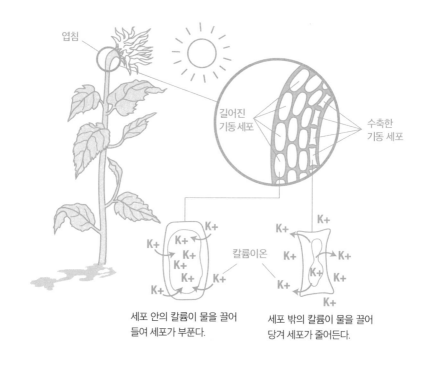

세포 안의 칼륨이 물을 끌어
들여 세포가 부푼다.

세포 밖의 칼륨이 물을 끌어
당겨 세포가 줄어든다.

---

31 종자식물의 잎자루가 붙은 곳이나 또는 작은 잎이 잎줄기에 붙은 곳에 있는 두툼한 부분으로, 잎의 운동에 관여한다.

가변 부분의 기동 세포 때문에 일어난다. 기동 세포는 칼륨이온을 조직으로 보내 세포의 압력을 올린다. 꽃 머리 뒷면의 세포들은 증가한 압력으로 길어지며 구부러지게 된다.

햇빛의 가시광선은 빨강, 주황, 노랑, 초록, 파랑, 남색, 보라색의 일곱 가지 색으로 이루어져 있다. 태양추적반응은 햇빛에 들어 있는 파란색 빛에만 반응한다. 만약 해바라기를 빨간 투명 용지로 감싸 파란색 빛을 막으면 태양을 따라 고개를 돌리지 않는다.

해바라기의 씨는 간식이나 새 모이로 판매된다. 가끔 땅콩버터의 대체재로도 사용되는데, 땅콩에 알레르기가 있는 사람에게 안전한 식품이다. 해바라기 기름은 요리에도 사용되고, 바이오디젤로 혼합해 쓰이기도 한다. 씨를 제거한 꽃 머리는 가축의 사료로 쓰인다. 일부 해바라기 종의 덩이줄기는 채소로 먹기도 하는데, 이게 바로 뚱딴지로도 불리는 돼지감자[32]다.

1530년대 에스파냐의 식민지 정복자 프란시스코 피사로는 페루의 잉카 원주민이 해바라기를 태양신으로 여기고 숭배한다는 사실을 발견했다. 그리스 신화에도 해바라기에 관한 이야기가 나온다. 물의 요정 클리티아는 태양의 신 아폴로와 사랑에 빠진다. 아폴로도 그녀를 잠시 사랑하지만, 다른 사랑이 생겨 클리티아를 떠난다. 그녀는 바위에 앉아 먹지도 마시지도 않고 태양을 바라보며 떠나간 사랑을 슬퍼했다. 그녀는 아폴로의 마차가 하늘을 가로지르는 모습만 하염없이 쳐다봤다. 그

---

32 아메리카 대륙이 원산지인 국화과 해바라기속 식물로 예루살렘 아티초크라고도 한다.

렇게 9일이 지나자, 그녀는 해바라기가 됐다.

몇 년 전, 아내와 함께 노스다코타주를 여행하다가 엄청나게 넓은 해바라기밭을 봤다. 너무나 아름다운 광경이었다!

071 지구 최초의 개는 어땠을까?

개는 늑대, 코요테, 여우, 자칼과 같은 갯과(科)다. 모든 갯과 동물은 다음과 같은 특징이 있다. 새끼를 낳고, 치아 구조가 비슷하며, 발에는 굽 대신 발가락이 있고, 체온을 일정하게 유지한다.

사람과 같이 사는 길들여진 개는 인간의 거의 모든 역사에 기록돼 있다. 개는 인류의 동반자가 된 첫 번째 동물이다. 미국에서는 기원전 8300년경 살았던 개의 뼈가 발견되기도 했다.

과학자들은 인간이 개의 선천적인 사냥 능력을 다양한 환경에서 활용하여 개의 종이 발달하게 됐다고 말한다. 개의 첫 번째 품종은 두꺼운 가슴에 긴 다리, 예민한 시각을 가진 '사이트 하운드' 혹은 '게이즈 하운드'라고 한다. 이 개들은 나무가 없는 탁 트인 시골에서 먼 곳에 있는 사냥감을 발견하고 빠르고 조용히 질주해 제압한다.

가장 오래된 품종 중 일부는 아프리카와 아시아에서 기원했는데, 바센지, 라사압소 그리고 시베리아허스키 등이다. 후각이 뛰어난 개들은 큰 코에, 크게 열린 콧구멍을 갖고 있다. 유럽에서는 이런 '후각견'들을 체력이 좋은 품종으로 만들어 사냥감을 쫓는 데 사용했다. 영국의 여우 사냥개 폭스하운드가 대표적인 예다. 독일의 개 사육자들은 닥스훈트를 만들어 두더지나 여우, 토끼같이 농작물이나 가축에 해를 입히고 땅속에 숨는 동물들을 사냥했다. 테리어의 후손으로 알려진 이 개들은 다리는 짧지만 혈기 왕성하고 힘이 넘친다.

총이 발명된 뒤에는 예민한 후각으로 사냥감의 위치를 찾고 사냥감이 총에 맞으면 물어 오는 역할을 하는 품종이 개량됐다. 이 개들은 턱이 너무 강하면 안 된다. 포인터, 리트리버가 이에 해당한다.

골든 리트리버는 가장 충성스러운 견종 중 하나다. 미국켄넬협회(AKA)에 가장 많이 등록된 개는 래브라도 리트리버이며, 저먼 셰퍼드가 그 뒤를 잇는다.

나는 농장에서 자랄 때 '누렁이'라는 이름의 갈색 개 한 마리를 키웠다. 잡종이었지만 크게 신경 쓰지 않았다. 누렁이는 소를 몰아 우유를 짜는 곳으로 데려왔고, 다람쥐도 잘 잡았다. 내가 어떤 비밀을 이야기해도 다른 사람에게 말하는 법이 없었다.

내가 가장 좋아하는 품종은 바셋하운드다. 나와 아내는 예전에 '먹스'와 '테터'라는 이름의 바셋하운드 두 마리를 키웠다. 지금 이 녀석들은 모두 천국에 있다. 우리는 틈날 때마다 손자들에게 이 개들의 이야기를 많이 들려준다.

나는 이런 기도를 많이 한다. "신이시여, 제가 제 강아지가 생각하는 그런 사람이 되게 하소서."

072

박테리아는 어디에서 살까?

박테리아는 공기, 물, 음식, 우리의 피부, 우리의 몸속 등 어디에서나 산다. 이들은 너무 작아서 고성능 현미경을 사용해야만 볼 수 있다. 박테리아는 성별이 없으며 분열로 증식한다. 그리고 양분과 온도 등 환경이 충족되면 증식을 멈추지 않는다.

박테리아는 하나의 세포로 이루어졌다. 외부에는 피부 같은 '막'이 있다. 내부는 세포질로 돼 있지만 동물이나 식물의 세포에 있는 중핵은 없다. 일부 박테리아는 막이 점액질로 돼 있다. 많은 종의 박테리아는 편모로 불리는 미세한 운동기관을 움직여 이동한다. 편모가 없는 박테리아는 세포를 수축하고 이완해 미끄러지듯 이동하거나 애벌레처럼 몸을 구부렸다 폈다 하며 움직인다. 박테리아의 피부, 즉 막은 방수가 아니다. 그래서 화학물질을 박테리아 피부에 통과시켜 공격하는 게 박테리아를 파괴하는 유일한 방법이다.

박테리아는 우리를 감염시켜 질병을 일으키기도 하지만, 아주 유용하게 사용되기도 한다. 인간은 박테리아의 존재를 알기 한참 전부터 와인을 발효하고, 우유를 상하게 하며, 동식물의 시체를 썩게 하는 그 효과를 잘 알았다.

박테리아가 우리에게 나쁜 짓을 하려면, 우리 몸의 기관에 들어와야 한다. 하지만 우리 몸은 방어체계를 갖추고 있다. 잘 말린 피부, 위산, 손 씻기, 이 닦기 등은 모두 몸에 해로운 박테리아가 살기 힘든 환경이 된다. 박테리아는 손상된 조직이나 상처, 물린 곳, 코의 점액, (입에서 항문까지) 소화관을 통해 들어온다. 박테리아가 일단 우리의 기관에 들어오면 자유롭게 성장하고 퍼진다. 대개 작은 부위의 감염으로 시작해 혈관을 타고 빠르게 퍼져간다.

원래 우리 몸속에 있던 박테리아는 질병을 일으키지 않는다. 우리의 장 속에 있는 대장균이 그 예다. 하지만 이 대장균도 독성을 띠는 유전자를 얻어 변형되면 질병을 일으킬 수 있다.

박테리아에서 우리 몸으로 분비되거나 새어 나오는 독소를 '외독소'라고 한다. 디프테리아, 콜레라, 파상풍은 각각 다른 외독소에서 비롯된 병들이다. 박테리아로 발생하는 다른 질병으로는 한센병, 장티푸스, 페스트, 결핵, 탄저병, 라임병, 충치, 편도염 등이 있다.

네덜란드의 안톤 판 레이우엔훅은 1674년 최초로 박테리아를 발견한 사람이다. 그는 자신이 일하던 포목점의 천을 크게 확대해서 보기 위해 연마한 유리 렌즈로 직접 현미경을 만들었다. 레이우엔훅은 연못의 물을 떠 와서, 현미경을 사용해 그 안에 있는 작은 생물도 관찰했다. 그리고 발견한 많은 것을 그림으로 자세히 기록해 여러 권의 책으로 펴냈다. 그는 정식 과학 교육을 받지 못한 과학자였지만, 활발하고 끊임없는 관찰과 연구 활동으로 과학 발전에 기여한 점을 인정받아 영국 왕립학회의 회원 자격을 받았다.

073

세상에서 가장 똑똑한 동물은 무엇일까?

모든 연구에서 가장 높은 위치에 자리하는 동물은 침팬지다. 침팬지는 도구를 만들어 사용하고, 사냥을 위해 협동하며, 고난도 문제를 풀고, 수화를 배우며, 물체를 부호로 나타내기도 한다. 몇 년 동안 못 보았던 사람의 이름을 수화로 기억하며, 동족과 강한 유대를 형성하고 사회 질서를 엄격히 지킨다. 폭력적 행동을 하기도 하지만, 다른 개체와 공감하는 모습은 인간과 닮았다!

오랑우탄은 침팬지와 마찬가지로 '유인원'에 속한다. 도구를 사용하고 지능이 높으며 집단의 문화를 가지고 있다. 어미는 새끼와 몇 년 동안 함께 생활하는데, 새끼에게 숲에서 살아남는 데 필요한 모든 걸 가르친다.

역시 유인원인 고릴라는 개울이나 늪지를 건너기 전에 나뭇가지로 깊이를 측정한다. 흙탕물을 건너기 위해 작은 통나무로 다리를 놓는 모습도 관찰됐다.

유인원은 돌멩이로 견과류를 깨 먹기도 한다. 이런 유인원을 뛰어넘을 정도로 똑똑한 동물은 없지만 5~6종의 다른 동물이 10위에 포함돼 있다. 돌고래는 매우 사회성이 좋고 복잡한 언어를 사용하며, 폭넓고 다양한 명령을 배울 수 있다. 그래서 아쿠아리움에서 돌고래는 인기가 많다. 이들은 점프, 휘파람, 레이싱, 회전, 서핑 등 다른 동물보다 다양한 재주를 부린다.

　돼지는 많이 먹기만 하고 멍청하다는 편견이 있지만, 개나 고양이처럼 훈련이 가능한 똑똑한 동물이다. 실험에 따르면, 코로 화면 속 커서를 움직여 원하는 물체를 고를 정도로 지능이 높다. 또 다양한 환경에 적응할 수 있어 세계 어디에서나 발견된다. 크리스토퍼 콜럼버스는 1493년 자신의 네 번의 항해 중 두 번째에 최초로 돼지를 신대륙(아메리카)에 데려왔다. 돼지는 빠르게 적응하고 번식했다. 돼지는 깨끗한 동물이기도 하다. 땀샘이 없어 체온을 식히려고 진흙에 구르긴 하지만, 자는 곳과 먹는 곳, 대소변을 보는 장소를 확실히 구분한다.

　까마귓과에 속하는 까마귀와 어치도 명석한 동물들이다. 정교한 언어로 소통하며 놀이도 즐기고, 서로 속이기도 한다. 까마귀는 시골이든 큰 도시든 거의 모든 환경에 적응할 수 있다. 견과류를 자동차가 다니는 도로에 놓고 차바퀴에 껍데기가 깨지면 신호등의 신호를 기다렸다가 부드러운 열매만 가져온다.

　코끼리는 음식을 씻어 먹고, 호기심이 많으며, 사육하면 인간의 명령을 잘 따른다. 게다가 가족 간에 위안을 주고받으며 지능의 높은 단계로 평가받는 공감 능력까지 보여 준다. 일부 코끼리는 거울을 보고 자신의 모습은 인지하기도 한다.

　다람쥐의 지능이 높다는 사실은 믿기 어렵긴 하다. 특히 차 앞에 불쑥 나타났다가 거의 다 건넌 길을 되돌아가는 바람에 사고를 면치 못하는 모습을 보면 더 그렇다. 하지만 다람쥐는 놀라운 기억력과 고집을 가진 교활한 녀석이다. 몇 달 뒤 다가올 배고픈 시기를 위해 새 모이

통에서 먹이를 훔치기도 하고 수천 개에 달하는 도토리, 씨앗, 견과류 등을 여러 장소에 나눠 숨겨 놓는다.[33] 심지어 이 작은 털뭉치들은 자기가 식량을 저장하는 것을 본 경쟁자에게 도둑질을 당할까 봐 먹이를 숨기는 시늉도 한다.

074 반려동물과 주인은 서로 이해할까?

반려동물 주인 3분의 2가 반려동물이 자신을 이해한다고 생각한다. 이는 부모들이 십 대 자녀를 이해하는 것보다 높은 비율이다. 물론 농담이다! 의사소통이 원활하고 성공적으로 이루어진다는 믿음은 반려동물, 특히 개와 주인 사이의 강한 유대를 보여 준다. 고양이를 키우는 사람들이 이런 유대감을 보이는 경우는 개의 절반 정도에 불과했다.

동물 행동 전문가들은 동물과 인간은 소리와 행동이 연관된 상황을 반복적으로 경험하며 소통을 배운다고 말한다. 예를 들어, 개는 산책하고 싶을 때 특정한 울음소리로 짖는다. 그리고 '침대에서 내려와', '굴러', '기다려', '가져와', '이리 와' 같은 단어에 반응한다.

거의 모든 개는 목소리의 톤, 표정이나 보디랭귀지 같은 확장된 정

---

33 한 연구에 따르면 다람쥐가 먹이를 숨기는 영역은 2만 8000제곱미터에 달한다고 한다.

보를 통해 주인을 이해한다. 물론 사람도 마찬가지다. 목소리의 톤은 반려동물과 사람 모두에게 많은 의미를 전달한다.

지역 수의사의 말에 따르면, 반려동물은 보디랭귀지를 읽는 데 전문가라고 한다. 이들은 우리 몸의 움직임을 보고 행복, 슬픔, 분노 같은 감정을 읽을 수 있다. 개는 고양이보다 비언어적인 의사소통에 뛰어난 듯 보인다. 그리고 일부 종은 다른 종보다 뛰어나다. 보더콜리, 푸들, 저먼 셰퍼드, 골든 리트리버는 주인의 행동을 아주 잘 읽어 낸다. 나와 이야기한 수의사는 이 주제에 관해 읽어 보면 좋은 책 두 권을 소개해 줬다. 패트리샤 매코널의 《목줄의 반대편(The Other End of the Leash)》과 이안 던바의 《새로운 강아지에게 오래된 재주를 가르치는 법(How to Teach a New Dog Old Tricks)》이다.

동물의 신체는 인간처럼 말할 수 있는 구조가 아니다. 혀가 있지만, 인간처럼 정교한 성대가 없다. 그래서 부드러운 모음 소리를 내지 못한다. 동물의 뇌에는 인간처럼 언어중추가 없다. 앵무새는 우리처럼 말하는 능력이 있지만, 단지 우리가 하는 말을 흉내 낼 뿐이다.

그렇지만 사실 많은 동물이 서로 '이야기'한다. 새들은 노래와 지저귐을 통해, 개는 멍멍 짖으며, 고양이는 야옹거리며, 돌고래는 아주 높은 소리와 행동으로 소통한다. 꿀벌은 복잡한 춤으로 다른 꿀벌에게 먹이가 있는 방향을 알려 준다. 고릴라는 나무를 쾅쾅 두드려 숲속에서 다른 고릴라에게 신호를 보낸다.

이들도 훌륭한 언어를 가진 셈이다.

개들은 왜 꼬리를 흔들까?

개가 꼬리를 흔드는 행동은 사람이 미소를 짓거나 고개를 끄덕이는 것과 같다. 개는 사람을 보고 꼬리를 흔들기도 하지만, 다른 개나 고양이, 쥐, 말을 봐도 꼬리를 흔든다. 사실, 살아 있는 모든 것에 꼬리를 흔드는 듯 보인다. 꼬리 흔들기는 의사소통의 한 가지 형태다.

《개는 어떻게 말하는가(How to Speak Dog)》의 저자인 스텐리 코렌 박사에 따르면, 개의 꼬리는 균형을 잡는 데 도움을 준다. 개는 빠르게 방향을 바꾸면서 꼬리를 몸과 같은 방향으로 휘둘러 코스를 유지한다. 또 좁은 곳을 지날 때도 꼬리를 사용한다. 몸이 기우는 방향과 반대편으로 꼬리를 움직여 균형을 유지한다. 줄타기 곡예를 하는 사람이 균형 막대를 사용하는 것과 같은 이치다.

강아지들은 생후 약 30일이 되기 전에는 꼬리를 흔들지 않는다. 그 전에는 먹고 자는 게 전부라 의사소통이 필요가 없다. 그러다 6~7주 정도 지나면 다른 개들과 사회적으로 교류하기 시작한다. 놀고, 싸우고, 할퀴고, 밀치고, 쫓고, 껴안는다. 싸울 의사가 없음을 꼬리를 이용해 전달하는 법을 이때 배운다. 꼬리 흔들기는 종종 백기 흔들기 같은 역할을 한다. 나중에는 꼬리를 흔들어 음식을 얻는 법도 배운다. 미소를 짓는 듯한 꼬리의 움직임은 따로 있다. 개는 행복하고 만족스러울 때 양쪽으로 크게 꼬리를 흔든다.

가끔 강아지들은 자신의 꼬리를 쫓기도 한다. 놀아 줄 사람이나 친구가 없을 때 혼자 노는 방법이다. 자신의 꼬리라는 사실을 아직 자각하지 못할 때도 있다. 대개 자라면서 이런 행동은 없어진다.

짖는 것과 달리 꼬리 흔들기는 조용한 의사소통 방법으로, 그 발달에 대해 이렇게 설명하는 이론도 있다. 오래전 개들은 사냥할 때 짖으면 먹이가 달아날 수 있으니, 꼬리를 조용히 흔들어 다른 개들에게 먹이를 거의 다 잡았다는 신호를 보냈다. 그리고 이 행동은 의식적이라기보다 본능에서 비롯됐을 가능성이 높다.

076 과학자들은 공룡의 나이를 어떻게 알까?

지구상에 살았던 가장 강력한 동물로 알려진 공룡은 아주 매혹적인 생명체다. 중생대에 살았던 파충류로 인간보다 수천만 년 전에 존재했다. 대부분 알에서 태어났고, 물속에만 사는 종은 없었으며, 날 수 있는 종도 없었다.[34] 가장 작은 공룡은 크기가 닭만 했고, 가장 큰 공룡은 길이가 30미터에 높이는 15미터나 됐다.

---

34 공룡은 중생대 트라이아스기 후기에 나타나 쥐라기와 백악기에 크게 번성하다가 백악기 말에 멸종되었다. 공룡은 육상동물만을 의미하며, 하늘을 날던 익룡과 물에서 살던 어룡, 물속에서 활동했으나 숨은 쉴 수 없었던 수장룡 등은 공룡으로 분류되지 않는다.

공룡 중에는 2족 보행을 하는 종도 있었고, 4족 보행을 하는 종도 있었다. 갑옷을 두른 종도 있었지만, 뿔과 볏, 가시 같은 장식이 있는 종도 있었다. 일부는 육식, 일부는 채식, 일부는 잡식이었다. 공룡들은 지구를 1억 6000만 년 동안 지배했다. 하지만 갑자기 자취를 감췄다!

공룡들은 6500만 년 전 모두 멸종했다. 화산과 판의 활동(지질 활동)이 많던 백악기 말의 일이다. 여기에 관해서는 몇 가지 가설이 있지만, 소행성이 지구에 충돌해 기후에 큰 변화를 일으켰다는 주장이 가장 유력하게 여겨진다.

1980년에 발견된 얇은 이리듐[35]층은 6500만 년 전 공룡 멸종에 관한 증거로 여겨진다. 이 이리듐은 유카탄 반도 인근을 강타한 소행성이나 혜성에서 나왔다. 공룡 화석은 이리듐층 아래서는 발견되지만, 그 위로는 발견되지 않는다.

공룡 화석은 전 세계에서 발견된다. 공룡 뼈의 연대를 알아내는 기술은 다양하다. 가장 오래된 기술은 층서학으로 화석이 발견된 깊이를 연구한다. 암석층이나 지층은 시간이 지나며 평평하게 쌓이고, 그 위에 또 새로운 층이 형성된다. 이 층들의 역사에 관한 지식을 기반으로 과학자들은 화석이 발견된 층이 언제 형성됐는지 알아낸다.

지구의 자기장 변화를 살피는 기술(지자기 층서학)도 있다. 각각의 암석은 지질학적 연대별로 서로 다른 자기장을 내뿜는다. 화석 근처

---

35 백금족에 속하는 은백색의 금속 원소다. 산과 알칼리에 녹지 않으며, 백금과의 합금으로 화학 기구를 만드는 데 쓴다.

에 있는 화성암의 방사성 동위원소 연대를 측정하는 방법도 있다. 우라늄-235는 일정 기간이 지나면 납-207로 변한다. 과학자들은 우라늄이 토륨으로 변한 비율이나 칼륨이 아르곤으로 변한 비율을 측정해 암석의 연대를 알아낸다. 또 다른 방법은 이른바 표준화석으로 불리는 화석을 찾아내는 것이다. 특정 시대에만 널리 분포해 살았던 생물의 화석이 표준화석이다. 예를 들어, 완족동물류는 캄브리아기에 살았고, 암모나이트는 트라이아스기와 쥐라기에 살았다.

최초의 공룡 뼈는 1800년대 초 영국에서 발견됐다. 영어로 공룡을 뜻하는 '다이너소어(dinosaur)'는 '무서운'이라는 뜻의 라틴어 '데이노스(deinos)'에서 왔다. 공룡의 이름에 흔히 포함되는 '사우로스(sauros)'는 '도마뱀'이라는 의미다. 가장 유명한 공룡인 티라노사우루스 렉스는 커다란 머리에 이빨이 두 겹으로 난 강한 턱을 갖고 있었다. 이들은 먹이를 입으로 물어 찢어 먹었다. 무섭다, 정말!

077 앵무새는 어떻게 말을 할 수 있을까?

앵무새(또는 구관조, 까마귀, 큰까마귀 등)는 자신이 듣는 소리를 흉내 내는 능력으로 유명하다. 생물학자 및 과학자 대부분은 까마귀, 큰까마귀, 어치, 까치와 함께 앵무새를 가장 똑똑한 조류 중 하나로 생각한다.

인간과 달리 앵무새는 성대가 없다. 그래서 목구멍에 있는 근육을 움직여 특정 톤과 소리를 흉내 낸다. 앵무새가 소리를 낼 때 공기는 두 갈래로 나뉜 기관을 통해 부리로 새어 나온다. 앵무새는 이 기관의 깊이와 모양을 바꿔 다른 소리를 만든다.

앵무새는 크고 두꺼운 혀가 있어 '말할 수 있다'고 추측하는 일부 생물학자도 있다. 하지만 구관조도 인간의 목소리를 흉내 내지만 혀가 크고 두껍지는 않다. 또 앵무새의 음성 발생 및 청각 구조의 발달이 다른 새들에 비해 상대적으로 느리고, 앵무새가 자연 상태에서 만드는 소리가 인간의 소리와 비슷하다는 가설도 있다.

새는 특정 임무를 수행하도록 훈련받을 수는 있지만, 인간처럼 추론 능력을 키우거나 대화 능력을 키울 수는 없다. 앵무새는 단어의 뜻은 모른 채 반복적으로 이야기할 뿐이다. 노래하거나 소리를 내는 건 새들의 천성으로 학습과는 관련이 없다. 다른 새의 노래를 듣지 않고 완전히 고립된 채 자란 새도 자신만의 '노래'를 하니, 종의 고유한 특징이라고 봐야 한다.

앵무새는 놀라운 생명체다. 몸길이가 겨우 7센티미터인 종부터 다 자라면 90센티미터가 넘는 종도 있다. 몸의 색은 녹색, 노란색, 파란색, 빨간색을 띤다. 앵무새는 아무 환경에나 적응할 수 있어 수 세기 전부터 선원들은 항해할 때 동무 삼아 데려갔다. 이들은 전형적인 열대 조류지만 추운 기후에도 적응할 수 있다.

소는 어떻게 먹은 걸 되새김질할까?

비록 나는 위스콘신주 목장에서 자랐지만, 소는 내 전문 분야가 아니다. 그래서 지역 농업 강사에게 이 주제를 물어봤다. 그는 친절하고 자세한 설명을 해 주었다. 소는 위가 네 개로 나뉘어 있지만, 따로 떨어져 있지는 않다. 풀을 뜯어 반쯤 씹고 삼킨 뒤 반추위의 첫 번째 구획(혹위)에 저장한다.

풀이나 건초는 혹위에서 위액과 섞여 부드러워지고 작은 뭉치, 즉 되새김질 거리가 돼 입으로 돌아간다. 소는 약 1분간 이 뭉치를 40~60회 씹은 뒤 다시 반추위로 돌려보낸다. 그러면 뭉치는 벌집위라고 불리는 두 번째 구획으로 간다.

되새김질 뭉치는 벌집위에서 겹주름위로 옮겨져 눌려서 잘게 쪼개진 뒤, 한 번 걸러져 네 번째 위, 주름위(추위)로 이동해 소화된다. 마지막으로 음식물은 창자로 이동해 소가 양분을 흡수해 건강을 유지하고, 우유를 만들어 내도록 한다.

만약 소가 옥수수를 먹으면(소화가 쉽다), 혹위에서 벌집위, 겹주름위로 바로 보내지고, 마지막으로 주름위(추위)에 도착한다. 진화의 관점에서 보면 소가 위를 네 개로 발달시킨 것은 영리한 생존 전략이다. 풀을 빨리 씹어 삼킨 뒤, 천적을 피해 안전한 곳으로 가 삼켜 놓은 풀들을 천천히 소화할 수 있으니 말이다.

영어 '반추위(rumen)'는 재미있는 단어다. 이 단어에서 '루머네이트(ruminate)'가 파생된 것으로 보이는데, 그 뜻은 '새김질하다', '곰곰이 생각하다', '명상하다', '반성하다', '숙고하다' 등이다.[36]

079   개들은 왜 침을 흘릴까?

나는 왜 개가 침을 흘리는지에 대해 전문지식이 없어, 지역 수의사에게 이 문제에 대한 자문을 구했다.

일부 개들은 선천적으로 침을 흘린다. 바셋하운드, 불 마스티프, 세인트버나드는 늘 침을 흘리는 대표적인 견종이다. 이 개들은 입술이 크고 무겁고 입과 턱 주변의 피부가 늘어져 있어, 특히 먹거나 운동할 때 침이 새어 나온다. 또 덩치가 큰 개의 경우 침을 흘리는 것이 체온 조절에 도움이 된다.

하지만 평소 침을 흘리지 않던 개가 갑자기 흘리면 문제가 있다는 징후다. 이빨이 깨졌거나, 잇몸이 독소에 감염됐거나(흔한 경우다), 이물질이 목에 걸리는 등 이유는 다양하다. 개의 입안을 확인해 문제를 찾아내는 게 중요하다. 단순히 목에 이물질이 걸려 직접 제거할 수 있

---

36 '반추(反芻)'라는 한자도 '되풀이하여 생각하다'라는 뜻으로 영어와 비슷하다.

다면 다행이지만, 그렇지 않다면 수의사를 찾아가 진단을 받고 정확한 상태를 알아내야 한다.

개들은 헐떡일 때도 침을 흘린다. 헐떡임은 개가 열이 오른 몸을 식히는 방법 중 하나다. 개는 무겁고 두꺼운 털 코트를 입고 있어 사람처럼 땀을 흘릴 수 없다. 그래서 발바닥으로 땀을 흘리거나 헐떡임을 통해 공기를 순환시켜 체온을 내린다.

침 흘리는 개가 나오는 옛날 영화가 있다. 찰스 그로딘과 보니 헌트가 출연한 1992년 작품 〈베토벤(Beethoven)〉이다. 두 배우가 맡은 역할은 세 명의 아이가 있는 부모로, 침 흘리는 커다란 세인트버나드도 함께 키운다. 영화의 악당 수의사 역은 고전 디즈니 영화에 많이 출연한 딘 존스가 맡았다.

톰 행크스와 크레이그 T. 넬슨이 나오는 1989년 영화 〈터너와 후치(Turner and Hooch)〉도 잊을 수 없는 명작이다. 톰 행크스는 형사로 나오는데, 마약과 관련된 살인을 목격한 프렌치 마스티프를 마지못해 돌보다 개와 친구가 되는 역할이다. 침을 줄줄 흘리는 이 견종은 불 마스티프와 알파인 마스티프의 사촌 격이다.

영화 〈머나먼 여정(Homeward Bound)〉은 내가 꼽는 동물 영화 중 역대 최고의 작품이다. 1993년 영화로 1963년 쉴라 번포드가 쓴 동물 모험 소설 《머나먼 여정(The Incredible Journey)》을 바탕으로 만들었다. 골든 리트리버 '셰도우'(목소리 돈 아메체), 불도그 '찬스'(마이클 J. 폭스), 히말라야고양이 '쎄시'(샐리 필드)가 집에 돌아가기 위해 사투를 벌인다. 이 영화보다 야생의 모습을 아름답게 담은 영화는 찾아보기 힘들다.

5장

과학의 과거와 가장자리를 훑어보자

Ask a Science Teacher

왜 1905년은
'아인슈타인의 특별한 해'로 불릴까?

1905년 당시 스위스 특허 사무소에서 기술 심리관으로 일하던 스물여섯 살의 아인슈타인은 과학에 영원히 영향을 끼칠 중요한 네 편의 논문을 썼다.

첫째는 나중에 그에게 노벨상을 안겨 준 광전효과에 관한 논문이다. 그는 빛이 어떻게 동시에 파동과 입자로 작동하는지 설명했다. 광전효과는 양자 역학의 토대가 됐다.

두 번째 논문은 원자와 분자의 존재를 증명했다. 물에서 작은 입자가 개별 원자의 충격으로 완전히 무작위로 움직이는 브라운 운동을 이용한 것이었다.

세 번째, 상대성 이론에 관한 논문은 아인슈타인을 유명하게 만들었다. 그는 스스로 단순한 질문을 던졌다. '만약 빛의 속도로 이동하면 무엇을 볼 수 있을까?' 그리고 빛의 속도에 가깝게 이동하는 사람과 그렇지 않은 사람에게 시간과 공간이 다르게 나타나는 현상을 설명했다. 당신이 어떤 속도로 이동하든 빛은 초속 약 30만 킬로미터로 일정하다. 빛의 속도에 가깝게 이동하는 기차에 탄 사람에게 시간은 그 기차에 타지 않은 사람에 비해 천천히 흐른다. 하지만 기차는 더 무거워지고(질량 증가), 더 짧아 보인다(길이 수축).

네 번째 논문에서 아인슈타인은 물질과 에너지의 등가를 입증했다. 그는 질량과 에너지는 동전의 양면과 같다는 사실을 증명했다. 비록 아인슈타인은 원자 폭탄을 설계하지 않았지만, 그의 유명한 공식 $E=mc^2$이 폭탄의 가능성을 입증했다. 그리고 40년 뒤인 1945년 뉴멕시코주에서 최초의 원자 폭탄 실험이 이루어졌다.

아인슈타인의 유산 중 실질적 효과를 본 건 무엇이 있을까? 그의 첫 번째 논문에 나온 광전효과는 텔레비전, 광섬유, 태양 전지, 레이저 같은 현대적인 전자장비의 출현을 가능하게 했다. 위성 위치확인 시스템(GPS)은 아인슈타인의 상대성 이론을 활용한다. GPS 위성은 지구와 다른 속도로 이동해, 위성의 시계는 지구에서와는 다르게 맞춰야 한다. 태양의 작용은 $E=mc^2$로 설명할 수 있다. 수소가 헬륨으로 전환하면서 초마다 손실되는 400만 톤이 순수한 에너지로 발산된다.

아인슈타인은 발명가이자 이론가였다. 그는 보청기와 가동부가 없는 냉장고 등 특허 스물다섯 개도 갖고 있었다.

아인슈타인의 외모도 유산으로 남았다. 그는 머리가 아주 큰 남성으로, 구겨진 옷에 헝클어진 머리를 하고 파이프 담배를 물고 다녔고 바이올린을 켰다. 작은 보트를 몰았으며, 귀화 행사에 양말을 신지 않은 채 신발만 신고 나타나기도 했다. 순수한 천재였던 아인슈타인은 연구실에서 상대적으로 고립된 생활을 했다. 그는 20세기 과학사에서 독보적인 인물이다. 21세기에도 그와 어깨를 나란히 할 사람은 없어 보인다.

081

미적분을 발견한 사람은 누구일까?

미적분은 인류를 달에 보내고, 군대의 첨단 무기를 만들고, MRI(자기공명영상 장치)를 쓸 수 있게 도와준 강력한 공식이다. 일반적인 수학으로는 다룰 수 없는 문제, 특히 변화의 비율에 관한 문제를 풀어 준다.

미적분은 고대 그리스 수학자 데모크리토스와 아르키메데스 시대부터 발달하기 시작했다. 그들은 '무한 소진법'과 '극한'의 개념을 이용했다. 즉 입체의 면적과 부피를 계산할 때, 입체를 알아볼 수 있을 만한 수없이 많은 조각으로 나누어 최대한 근사치의 값을 구해 더하는 방법을 쓴 것이다(오늘날 적분의 기원이다).

데카르트, 피에르 페르마, 블레즈 파스칼 같은 17세기 수학과 과학의 거인들은 미적분의 발달에 많이 기여했다. 하지만 미적분을 공식화하고 수학의 뚜렷한 한 분야로 정립한 사람은 아이작 뉴턴과 고트프리트 라이프니츠다. 미적분을 개발한 사람이 뉴턴이냐 라이프니츠냐 하는 논쟁은 100년 이상 지속됐다. 대중은 두 수학 천재 중 누가 표절했느냐를 놓고 옥신각신했다. 하지만 요즘은 뉴턴과 라이프니츠가 모두 미적분의 발전에 기여했다고 믿는다.

아이작 뉴턴에게 미적분은 거리와 시간과 관련한 변화를 의미했다. 그는 중력에 관한 문제를 풀려고 노력했는데, 그때 미적분을 활용했다. 중력은 두 물체의 질량의 곱에 비례하고 그들 사이의 거리 제곱에 반비례했기 때문에 중력을 설명하기 위해 더 높은 차원의 수학이 필요했다. 만약 지구에서 거리가 두 배 멀어지면 중력은 4분의 1로 감소한다.

1642년 크리스마스에 태어난 뉴턴은 역사상 가장 훌륭한 과학자로 여겨진다. 1665년 영국에 전염병(선페스트)이 돌아 학교가 문을 닫자 뉴턴은 가족의 농장으로 돌아왔다. 그곳에서 18개월을 보내는 동안 그는 운동의 법칙과 만유인력을 발견했고, 빛과 색의 법칙을 발견했으며, 후에 미적분으로 불리는 새로운 수학 공식을 발견했다.

뉴턴은 1668년 반사망원경도 고안했다. 1687년 발간된 그의 책《자연철학의 수학적 원리(Principia Mathematica)》는 물리학에 토대가 됐는데, 역사상 가장 큰 영향을 끼친 과학서로 평가받는다. 힘의 단위 '뉴턴'은 그의 이름에서 따왔다. 그리고 그는 왕실에서 기사 작위를 받은 최초의 과학자가 됐다. 영국의 1파운드(£) 지폐는 1978년에서 1988년까지 웰링턴 공작, 윌리엄 셰익스피어와 함께 그의 모습을 담았다. 뉴턴은 죽은 뒤 웨스트민스터 사원에 묻혔는데, 왕이나 여왕이 아닌 사람이 이곳에 안치되는 경우는 매우 드물다.

082 대장균은 언제 어떻게 발견됐을까?

영어로 'E. coli'로 줄여서 표기하는 대장균(Escherichia coli)은 포유동물의 하부 소화기관에서 발견되는 일반적인 박테리아(세균)다. 하지만 일부 변종은 질병의 원인이 되기도 한다. 우리는 매년 이 박테리아 때문에 사람이 사망했다는 소식을 듣는다.

대장균 박테리아는 1886년 독일의 의사 테오도르 에셰리히(Theodor Escherich)가 인간의 분변에서 발견해 해당 속에 그의 이름을 붙였다. 뒤에 'coli'는 박테리아가 사는 큰창자, 즉 대장(colon)을 뜻한다. 사실 사람은 적당량의 대장균이 필요한데, 이 박테리아는 비타민 B 복합체와 비타민 K 같은 것을 공급해 준다. 대장균은 종종 뉴스에 식품 매개 병원균으로 나오지만 대부분이 무해하다.

사람은 태어난 즉시 모든 종류의 박테리아에 감염돼 공생하며 살아간다. 우리는 그들의 생존을 돕고 그들도 우리의 생존을 돕는다. 하지만 모든 인간이 착하지 않듯이, 일부 대장균 박테리아는 우리에게 해를 끼칠 수 있어 조심해야 한다.

대장균 박테리아 세포가 바이러스에 감염될 때도 있다. 이 바이러스는 박테리아를 해치지 않고 박테리아 염색체에 자신의 DNA를 심어 몸속에 계속 남게 한다. 그러면 박테리아 세포가 분열할 때마다 이 바이러스의 DNA가 후대 박테리아들에게 전해져 가장 위험한 대장균인 E. coli O157:H7가 되기도 한다. 이 변종 대장균은 장의 벽에 있는 세포에 심각한 손상을 입히는 독을 만든다. 혈관을 파괴해 출혈을 일으키는 등 엄청난 피해를 유발한다. 증상은 보통 오염된 음식을 먹은 뒤 3~4일 후에 나타나지만, 열흘 뒤에 나타나는 사례도 있으니 유의해야 한다. 증세는 위경련과 탈수가 일어나고, 피가 섞인 설사를 하는 것이다. 수분이나 혈액 손실을 견디기 힘든 아이들에게 더 치명적이다. 노인들도 마찬가지다.

대장균 감염은 다음과 같은 방법으로 예방할 수 있다. 간 쇠고기는 조심해서 요리하고, 저온살균하지 않은 우유나 주스는 피하고, 식품은 깨끗이 씻고, 고기는 조리할 때 다른 음식에 육즙이 튀지 않게 주의한다. 음식을 만지기 전에는 언제나 손을 깨끗이 씻어야 한다. 대장균은 동물의 창자에 서식하므로, 도축할 때 고기가 감염될 수 있다. 그래서 고기를 먹다 감염될 수 있는데, 특히 여러 고기를 섞어서 갈아 만드는 패티 종류는 상대적으로 대장균이 들어 있을 확률이 높다.

식품 또는 공공위생 관리 과정에서 대장균이 발견되면 뉴스의 머리기사를 장식한다. 대부분 덜 익은 고기나 간 쇠고기와 연관된다. 일반적으로 특별한 치료 없이 회복되지만 심각한 경우에는 신장에 손상을 입어 사망하기도 한다. 최근 뉴스를 보면 일부 변종 대장균은 항생제에 내성이 생겼다고 한다.

083 맨 처음 망원경으로 다른 행성을 발견한 건 언제일까?

지구를 제외하고, 태양에 가까운 행성 다섯 개는 맨눈으로 볼 수 있다. 그래서 수성, 금성, 화성, 목성, 토성은 인간이 처음으로 하늘을 올려다본 순간부터 그 존재를 알았다. 이 행성들은 다른 별들을 배경 삼아, 그 사이를 돌아다니는 것처럼 보였다. 영어로 '행성(planet)'이라는 말은 '방랑자'를 뜻하는 그리스어에서 비롯됐다.

망원경으로 발견한 최초의 행성은 천왕성이다. 1781년 영국의 천문학자 윌리엄 허셜은 쌍둥이자리에서 보통 별보다 큰 '별'을 발견했다. 이 큰 별은 그 뒤 행성으로 밝혀졌다.

해왕성은 관측 전에 만유인력의 법칙으로 그 존재가 예측되어, 수학을 이용해 발견한 최초의 행성이다. 천문학자들은 천왕성의 궤도를 무언가가 끌어당긴다는 사실을 먼저 발견했다. 그리고 1846년에 천왕성의 길을 혼란하게 만드는 물체의 중력효과를 계산한 뒤, 망원경을 수정해 그 행성이 있어야만 하는 자리를 봤더니 해왕성이 나타났다!

명왕성은 사진을 이용해 발견한 최초의 행성이다(비록 '왜행성'으로 강등되긴 했지만). 1930년 2월 애리조나주 로웰 천문대에서 클라이드 톰보가 동일한 시기에 찍힌 두 장의 사진에서 미세하게 이동한 천체를 발견하여 명왕성의 존재가 알려졌다. 지구의 관점에서 별이 이동한 것처럼 보이려면 최소 몇 주 혹은 몇 달이 걸린다.

2006년 8월 국제천문연맹은 행성 가족에서 명왕성을 '쫓아'냈다. 명왕성은 기존에 알려진 44개 넘는 왜행성에 포함되었다. 명왕성은 자신의 위성인 카론을 완전히 지배하지 못한다. 명왕성의 절반 크기인 카론은 명왕성의 다른 위성들보다 훨씬 크다. 또 여덟 개의 '진짜' 행성은 태양을 원에 가까운 모양으로 공전하지만, 명왕성은 심한 타원형으로 공전한다. 한술 더 떠서, 공전 궤도도 다른 행성보다 훨씬 가파르게 형성돼 있어 명왕성을 변절자로 만들었다.

현재 천문학자들은 우리의 태양이 아닌 다른 별의 행성이나 태양계 외 행성도 찾아낼 수 있다. 이는 생각보다 쉬운 일이 아니다. 별에서 나오는 빛은 너무 밝아, 주위 행성들이 반사하는 빛을 압도하기 때문이다. 마치 아주 강력한 조명 바로 앞에 있는 생일 촛불을 찾는 일과 같다. 천문학자들은 이 문제를 해결하는 방법을 몇 가지 알아냈다. 예를 들면, 행성의 별에 대한 중력효과를 측정하는 방법도 그중 하나다. 행성은 별 주위에서 궤도를 돌며 별의 움직임을 약간 바꾼다. 또 행성이 별과 지구 사이에 있으면 빛을 일부 막아, 천문학자들이 별이 내는 빛의 변화를 감지할 수 있다. 이런 방법으로 1990년부터 태양 외에 다른 별을 공전하는 행성들이 880개 이상 발견됐다.

084 선사시대 사람들은 왜 스톤헨지를 만들었을까?

스톤헨지는 아주 신비롭고 인상적인 장소다. 이곳은 세계에서 가장 유명한 선사시대 장소 중 하나로 낮은 언덕 위에 소들을 방목하는, 나무가 거의 없는 목초지에 둘러싸여 있다. 엄청난 돌덩이들을 원형으로 세운 구조이며 영국 런던에서 서쪽으로 약 161킬로미터 떨어진 솔즈

베리 평원에 있다.

스톤헨지는 계절 변화를 보여 준다. 하지 때, 제단석에서 보면 힐 스톤 바로 위로 태양이 떠오른다. 건설은 기원전 3000년 무렵 시작했고, 기원전 1600년 마지막 공사가 있었다고 기록돼 있다. 주도로에 인접해 위치한 힐 스톤은 스톤헨지 공사장 외부에서 가져온 거대한 사르센석(잉글랜드 중남부에 산재하는 사암)이다. 높이는 약 4.9미터, 두께는 2.4미터다. 제단석은 높이 약 2.1미터에 무게는 6톤 정도로 추정된다.

스톤헨지가 왜 만들어졌는지에 대해서는 의견이 분분하다. 어떤 사람은 예배를 드리는 교회였다고 말하고, 어떤 사람은 계절을 확실히 알기 위한 관측소였다고 주장한다. 고고학자들은 이 거대한 구조물에 대한 연구와 숙고를 지속하고 있다.

선사시대 사람들은 약 1500년 동안 스톤헨지를 만들었다. 지금까지 남아 있는 25~50톤의 사르센석은 40킬로미터 떨어진 말보로 다운 채석장에서 옮겨왔다. 이들은 돌기둥을 세워 원형으로 만들고 그 위에 상인방(수평으로 가로질러 놓은 석재)을 올렸다. 세 번째 공사 때는 무려 4톤짜리 청석[37]을 240킬로미터 떨어진 웨일스에서 가져왔다. 이 얼마나 놀라운 운송 능력인가!

나는 아내와 함께 2006년 8월 스톤헨지를 방문했다. 거대한 돌들의 주변을 거닐며 이 구조물을 만든 고대인을 상상해 봤다. 어떤 언어를 썼고, 무엇을 먹었으며, 음식은 어떻게 마련하고, 따뜻한 장소는 어

---

37 푸른 빛깔을 띤 응회암으로 실내 장식이나 건물의 외부 장식에 쓴다.

떻게 찾고, 어떤 놀이를 즐겼고, 누구의 지배를 받았을까? 그리고 무슨 생각이 들어서 솔즈베리 근처 바람 부는 외로운 평원에 이런 걸 만들었을까?

이 주제에 관한 좋은 책들이 있다. 그중 하나는 조지 테렌스 미든이 쓴《스톤헨지: 절기의 비밀(Stonehenge: The Secret of the Solstice)》이다. 로드니 캐슬든의《스톤헨지 만들기(The Making of Stonehenge)》도 좋다. 그 외에 마이크 파커 피어슨이 쓴《스톤헨지: 새로운 이해(Stonehenge: New Understanding)》도 훌륭한 책이다. 인터넷을 찾아보면 훌륭한 사진들이 많다. 영국에 갈 일이 있다면 스톤헨지를 살펴보도록 하자.

085 옛날엔 빛의 속도를 어떻게 계산했을까?

덴마크의 천문학자 올레 뢰머는 1676년 빛의 속도를 최초로 측정했다. 그는 망원경으로 목성의 4대 위성 중 하나인 이오의 움직임을 관찰 중이었다. 이오는 목성의 앞으로 오기도 하고 뒤로 숨기도 하면서 공전했다. 지구가 목성에 가장 가까워졌을 때 보니, 이오는 목성을 공전하는 데 42.5시간이 걸렸다. 그런데 지구가 목성에서 멀어지자 일식이나 월식처럼 목성이 이오를 가리는 움직임이 예상보다 늦게 나타났다. 뢰

머는 이 현상을 바탕으로 빛이 지구 공전 궤도의 지름을 가로지르는 데 22분이 걸린다고 추정했다. 그리고 빛의 속도를 계산해 보니 초속 약 21만 8870킬로미터가 나왔다. 최초의 대략적인 측정치고는 나쁘지 않은 값이다. 요즘 빛의 속도로 인정받는 값은 초속 약 30만 킬로미터다.

1849년 아르망 피조는 지구에서 처음으로 빛의 속도를 측정하는 데 성공했다. 그는 빛을 8킬로미터 떨어진 거울에 쏘면서, 그 사이에 일정한 속도로 회전하는 톱니바퀴를 놓아 두었다. 빛이 톱니바퀴를 통해 빠져나갈 때와 돌아올 때 각기 다른 골을 지나게 한 것이다. 그러면 거울까지의 거리와 톱니바퀴의 톱니 수, 회전 속도를 바탕으로 빛의 속도를 계산할 수 있었다. 피조가 구한 값은 초속 31만 5000킬로미터로 실제 값과 비슷하다.

미국의 앨버트 마이컬슨도 1926년 빛의 속도를 측정했다. 그는 캘리포니아주 남부 윌슨산에서 샌안토니오산까지 약 35킬로미터 거리에 회전 거울 장치를 설치해 빛이 왕복하는 시간을 측정했다. 마이컬슨은 빛이 초속 29만 9796킬로미터를 이동한다는 정확한 값을 산출했다. 그는 같은 미국인 에드워드 몰리와 함께, 빛의 매질로 여겨지던 '에테르'는 존재하지 않는다는 사실을 밝혀 1907년 노벨상을 받았다.

빛은 전자기파 형태로 라디오파나 텔레비전파와 같은 속도로 이동한다. 빛은 지구에서 달까지 가는 데 1.2초가 걸린다. 지구에서 태양까지는 8.5분이다. 태양에서 명왕성까지는 5.5시간이 걸린다. 빛이 가장 가까운 별까지 가는 데는 4.3년이 걸리며, 우리의 은하계를 가로지르는 데는 10만 년이 걸린다. 우리 인간은 엄청 커다란 집에 살고 있다!

공룡은 어떻게 멸종했을까?

공룡은 지구 위를 1억 6000만 년이나 돌아다니다 6500만 년 전 갑자기 사라졌다. 공룡의 멸종에 관한 가설은 여러 가지가 있었지만, 지난 2세기 동안 다음 여섯 가지 정도만 합리적 가설로 여겨졌다.

1. 작은 포유동물이 공룡의 알을 먹어 개체 수가 줄었다.
2. 엄청난 전염병이 공룡의 세계를 휩쓸었다.
3. 공룡은 큰 동물이라 음식이 부족했다(기근).
4. 공룡은 커다란 몸집과 비교해 뇌가 너무 작았다.
5. 기후가 열대에서 갑자기 매우 추운 날씨로 바뀌었다.
6. 화산 폭발로 인한 재와 연기가 햇빛을 가렸고, 식물들이 죽어 버려 공룡들은 먹을 게 없어졌다.

요즘 가장 유명하고 또 널리 받아들여지는 주장은 소행성 충돌설이다. 커다란 소행성이나 혜성이 6500만 년 전 지구와 충돌했다는 가설이다. 각각 물리학자와 지질학자였던 루이스와 월터 앨버레즈 부자는 당시 시대와 일치하는 지층의 바위에서 아주 선명한 이리듐층을 발견했다. 이리듐은 소행성이나 혜성에만 있는 물질이다. 이것은 1980년 이탈리아에서 처음 발견됐는데, 그 후 세계 각지 같은 깊이의 지층에서 아주 얇은 층이 발견됐다.

1991년 지질학자들은 멕시코 유카탄 반도 끝에서 거대한 칙술루브 크레이터를 발견했다(명칭은 근처 마을 이름에서 따왔다). 공룡이 멸종한 시대에 형성된 이 크레이터는 지름이 약 180킬로미터에 이른다. 과학자들은 약 8~16킬로미터 지름의 소행성이 지구에 시속 7만 2420킬로미터의 속도로 부딪혀, 지금까지 지구에서 폭발했던 가장 강력한 핵폭탄(소련의 수소 폭탄 차르 봄바)보다 200만 배 강한 에너지가 분출됐다고 추정한다.

이 소행성이나 혜성의 충돌로 대양의 물이 증발하고, 전 세계 숲에 산불이 일어났으며, 먼지가 지구에 오는 태양빛을 가려 어둠으로 뒤덮였다. 결과적으로 지구의 기온이 영하로 떨어져 식물과 동물 대부분이 죽었다. 식물들이 죽고 몇 달 뒤 초식 동물들이 멸종했다. 땅속의 작은 동물들만 살아남을 수 있었다.

대부분 과학자가 소행성 가설만 인정하지만, 다른 가설을 뒷받침할 증거도 나왔다. 예를 들어, 6500만 년 전에 인도에서 엄청난 화산 폭발이 일어나 거대한 가스 기둥이 대기를 덮었다고 한다. 이 화산 분출은 공룡들이 적응하기 힘든 대기 변화를 일으키기에 충분했다.

여러 복합적 이유로 공룡이 멸종했다고 생각하는 과학자들도 있다. 이들은 소행성의 충돌과 화산의 분출이 모두 일어나 공룡이 사라졌다고 믿는다. 또는 소행성의 충돌이 화산 폭발을 촉발해 행성의 모든 공룡과 동물, 식물을 죽음으로 내몰았다고 생각한다.

공룡의 멸종이 역사상 처음 있었던 종의 소멸은 아니다. 가장 큰 사건은 2억 5100만 년 전 일어난 '대멸종'으로 정식 명칭은 페름기 트라이아스기 멸종이다. 당시 70퍼센트 이상의 육지 척추동물과 96퍼센트에 이르는 해양 종들이 사라진 것으로 알려져 있다.

087 빙하기는 어떻게 일어나고, 다음은 언제일까?

지구가 확연히 찬 기후로 뒤덮이는 현상을 빙하기라고 한다. 빙하기가 오면 극지방이 더 추워져 적도와 남극, 북극 사이의 기온 차이가 심해진다. 북극 지방의 겨울이 더욱 혹독한데, 많은 눈이 축적돼 여름이 와도 겨울에 쌓인 눈이 완전히 녹지 않는다. 이 과정이 반복되면 대륙 빙하(빙상)가 형성된다.

현재는 빙하기를 일으키는 원인을 태양에서 나오는 복사선의 양 때문이라고 추정한다. 과학자들의 말에 따르면, 태양에서 나오는 열 복사선의 세기와 시간의 차이가 빙하기를 불러오는 가장 큰 이유지만, 그 외에 다른 원인도 있다. 우리는 역동적인 행성에 살고 있다. 빙하기는 몇 가지 원인이 복합적으로 영향을 끼쳐 발생했을 가능성이 높다.

빙하기가 온 확실한 이유는 아직 알려지지 않았고 계속 논란이 되지만, 일반적으로 가능하다고 여겨지는 원인은 다음과 같다.

1. 태양의 출력 변화

2. 대기 중 이산화탄소와 메탄 함량 변화

3. 판의 이동으로 대륙과 대양의 위치가 변해 바람과 해류에 영향을 끼침

4. 지구의 공전 궤도와 태양의 공전 궤도가 변함

5. 지구를 도는 달의 궤도 운동의 영향

6. 큰 운석과의 충돌

7. 거대 화산을 포함한 다수 화산의 폭발

몇 가지 요소는 서로 영향을 끼칠 수 있다. 예를 들어, 대기 중 이산화탄소가 증가하면 기후를 바꾸고, 기후 변화가 다시 대기 중 기체의 농도에 영향을 주기도 한다.

위스콘신주에 있던 마지막 빙하는 약 1만 1000년 전에 녹아 없어졌다. 다음 빙하기는 8만 년 뒤 절정을 이룰 것으로 보이지만, 정확히 빙하기가 언제 시작할지는 아무도 모른다. 지난 100만 년 동안 대륙 빙하가 퍼지고 해수면이 변했던 시기가 열 번 있었다. 그 증거는 전 세계의 빙하코어[38] 표본에서 발견된다.

가끔 우리는 지구의 시간을 잊고 지낸다. 인간의 모든 역사는 홀로세라고 불리는 따뜻한 기후 시대에 일어났다. 그래서 미국과 유럽 전

---

38 시추기를 이용해 수천 미터까지 빙하를 파고들어 가서 채취한 빙하시료로, 빙하에 구멍을 뚫어 시추한 원통 모양의 얼음기둥이다. 빙하코어를 분석하면 과거 지구상의 기온과 공기 성분 변화를 알 수 있다.

체가 15미터 두께의 얼음에 덮인 모습을 생각하지 못한다. 지금 우리
가 겪는 간빙기는 극도로 춥고 긴 빙하기 사이에 잠깐 나타날 뿐이다.

엄청나게 추운 기후와 따뜻한 기후의 반복은 지구의 공전과 축의 기
울기에 따라 변화한다. 이것들은 아주 조금만 변해도 지구가 받는 태
양열에 엄청난 영향을 끼친다. 현재 우리는 따뜻한 시대에 살고 있다.

현재의 온난화는 앞으로 다가올 빙하기에 어떤 영향을 끼칠까? 어
떤 사람은 인간이 일으킨 온난화로 빙하기가 늦춰지길 기대한다. 하지
만 이는 근거가 없다. 오히려 빨리 오게 할 수도 있다. 온난화가 만년설
을 녹이고, 북부의 기온을 따뜻하게 해 주며 열을 순환하는 해류를 막
으면 빙하기가 더 빨리 오게 된다.

기후학자 대부분은 온실가스, 지구의 자전축, 해류, 햇빛의 양 등이
너무 복잡하게 얽혀 있어 다음 빙하기를 정확하게 예측하기는 어렵다
고 이야기한다.

088 우리는 우주에 홀로 있는 존재일까?

다른 행성의 생명체를 찾는 조사가 있었다. 바이킹이라는 이름의 우
주선 두 기가 1976년 화성에 착륙해 생명의 구성요소가 있는지 조사
했다. 이 착륙선들은 생물학적 실험을 진행했다. 일부 결과는 가능성을

보였지만 결정적이진 않았다. 그 뒤 피닉스호가 화성에서 과염소산염을 발견했다. 하지만 화성에 미생물이 존재하는지는 아직 밝혀지지 않았다. 최신 화성탐사선 큐리오시티 로버는 '과연 외계에 생명체가 있을까?'라는 질문의 대답에 한 걸음 다가가게 해 줄지도 모른다.

수십 년 전에는 소수의 과학자만이 지구 밖에 생명체가 있다고 믿었다. 우주에 생명체는 유일하게 지구에만 존재한다는 관점이 지배적이었다. 즉 생명은 말하자면 신의 섭리로 단 한 번 일어난 화학적 우연에 불과했다.

하지만 지금은 추가 완전히 반대로 기울었다. 생명이 존재할 조건은 우주 다른 곳에 얼마든지 있다는 게 요즘 통용되는 생각이다. 지구의 생명은 다섯 가지 원소를 기반으로 한다. 탄소, 산소, 수소, 질소, 인이다. 우주에 수없이 많은 원소다.

천문학자들은 이미 태양 외 다른 별 주위에 있는 행성들을 발견했다. 나사는 최근 케플러 우주선이 태양과 멀리 떨어져 있는 별들의 주위를 도는 지구만 한 크기의 행성을 여러 개 발견했다고 발표했다. 이 중 몇몇 행성은 별과 생명체가 존재할 만한 거리를 유지하며 공전한다.

우리 은하에는 200억~4000억 개의 별이 있다. 그리고 우주에 알려진 은하는 1000억~2000억 개가 있다. 단순히 확률로만 따져 보면, '밤하늘에' 수많은 생명체가 있어야 한다. 하지만 수학적 가능성은 증거가 아니다. '외계지적생명체탐사본부(SETI)'는 우주 공간에서 오는 무선 전송 신호를 듣는 과학 프로젝트를 진행하고 있다.

우리는 외계 생명체와 무선 신호 형태로 접촉할 확률이 높다. 천문학자이자 작가인 칼 세이건이 쓴 책《콘택트(Contact)》는 같은 제목의 영화로도 만들어졌는데, 외계 생명체를 발견하고 교류하는 이야기를 가장 현실적으로 담았다. 하지만 어떤 무선 전송 주파수를 들어야 하는지, 어떤 소통 수단을 써야 할지는 정확히 알 수 없다. 이 연구는 개별적이고 산발적으로 진행되고 있다.

089 세뇌는 어떻게 하는 걸까?

세뇌는 다른 사람의 생각과 믿음을 그의 의지와 상관없이 바꾸는 과정이다. 심리학에서 세뇌는 '사상 개혁'이나 '사상 통제'로 일컬어지기도 한다.

우리는 일상생활에서 세뇌라는 말을 자주 듣고 쓴다. 그런데 상업광고나 공익광고는 세뇌가 아닐까? 정치적 담화는? 우파 정치인이 라디오에서 하는 말은 어떨까? 대부분 사람이 이런 이야기들을 세뇌로 여기지 않고 설득, 선전, 교육, 캠페인으로 인식하는 건 세뇌라는 단어를 좁은 뜻으로 바라보기 때문이다.

이제 유명한 세뇌의 사례를 살펴보자. 한국전쟁에서 포로로 억류된 일부 미군은 북한군에게 세균전을 벌이라고 조언했고, 심지어 이 중 몇몇은 공산주의자로 돌아섰다고 한다. 최소 스물한 명은 1953년 이후 미국으로의 귀환을 거부했다. 미국 언론사의 상속녀 패티 허스트는 1974년 급진적 좌파 게릴라 공생해방군(Symbionese Liberation Army)에게 납치됐다. 이들은 패티를 가두고 짐승처럼 취급했지만, 그녀는 결국 해방군에 합류했다. 패티가 권총으로 무장하고 은행을 터는 장면이 감시 카메라로 촬영돼 화제가 됐다.

리 말보는 2002년 존 앨런 무하마드를 도와 워싱턴 DC를 습격해, 총으로 열 명을 저격해 살해했다. 당시 열일곱 살이었던 말보는 카리브해의 작은 나라 안티가바부다에서 엄마에게 버려져, 무하마드와 함께 생활했다. 그는 미국으로 건너오기 전 이미 이슬람과 미국 사이에 전쟁이 임박했다고 세뇌됐다.

허스트와 말보의 변호사들은 그들의 의뢰인이 세뇌당했다고 주장했다. 두 재판에서 변호사들은 피고인이 정상적인 상태였다면 범행을 저지르지 않았을 것이라는 변론을 폈다.

사이비 종교 단체도 세뇌로 분류할 수 있다. 인민사원(Peoples Temple)의 교주 짐 존스가 남아메리카 가이아나에서 일으킨 집단 자살 사건, 데이비드 코레쉬와 드라비다인들이 텍사스주 웨이코에서 일으킨 사건, 마셜 애플화이트가 샌디에이고 외곽에서 창립한 사이비 종교 천국의 문(Heaven's Gate) 사건이 그것을 잘 보여 준다. 피해자들의 행동은 대다수 사람이 사회적으로 용인하는 범위를 넘어서 세뇌의 사례로 분류된다. 여기에는 감금, 자살, 교주에 대한 조건 없는 맹신이 포함돼 있다.

맨슨 패밀리, 케이케이케이단, 하레 크리슈나교단도 간혹 세뇌로 분류되지만 모든 사람이 동의하는 건 아니다. 진정한 세뇌는 세뇌당하는 사람을 완전히 고립되게 해 세뇌하는 사람에게 의존하게 하며, 강력한 영향력을 끼친다. 감옥이나 사이비 종교에서 일어나는 세뇌가 대표적이다. 세뇌하는 사람은 피해자의 수면과 식사 심지어 화장실 가는 시간까지 통제한다. 이렇게 강압된, 완전한 의존성을 이용해 피해자의 정체성을 하나도 남기지 않고 부숴 버린다. 그리고 그 자리에 다른 가치와 믿음, 태도를 집어넣는다.

1962년에 개봉한 정치 스릴러, 〈맨츄리안 켄디데이트(The Manchurian Candidate)〉는 세뇌를 잘 묘사한다. 미국 정치가 집안의 아들이 공산주의자들에게 세뇌당해 잠재적 정적들을 암살하는 내용이다. 이 영화는 2004년 덴젤 워싱턴과 메릴 스트립 주연으로 리메이크됐다. 평론가들은 이 리메이크작을 악평했는데, 나도 동의하는 편이다.

090 마술사들은 어떻게 사람을 반으로 자를까?

1920년 영국에서 처음으로 소개된 이 마술에는 다른 모든 마술이 그렇듯이 숨겨진 속임수가 있다. 하지만 먼저 눈에 보이는 대로 묘사해 보자. 일단 상자에 사람 한 명이 들어가 눕는다. 상자에 들어간 사람은 머리와 팔을 밖으로 보이게 드러내고, 반대쪽에 다리를 보이게 한다. 그러면 마술사가 상자 가운데를 톱으로 자른다. 마술사는 상자를 완전히 분리해 사람이 두 조각으로 잘린 걸 확인해 준다. 그 후 팡파르와 함께 두 개의 상자를 원래대로 붙이고, 과장된 동작, 우레와 같은 박수와 함께 안에 있던 사람이 일어나 마술사 옆에 선다.

어떻게 한 걸까? 사실 상자는 보기보다 더 깊고 넓다. 사람이 들어갈 때 다리를 한쪽으로 접어 숨기고 상자 밖으로 머리가 보이게 한다. 그리고 반대편에 가짜 다리를 내놓는다. 들어간 사람의 몸은 상자 반쪽에 모두 숨겨진 셈이다. 가짜 다리는 줄로 연결해 움직일 수 있게 한다. 요즘에는 무선조종으로 움직이는 다리를 쓰기도 한다. 아니면, 반대쪽 상자에 다리만 보여 주는 사람이 따로 들어가는 방법도 있다.

그러니까 실제로 벌어지는 일은 이렇다. 마술사는 시끄러운 음악, 큰 소음, 안개, 연기, 큰 동작과 함께 사람이 들어간 상자를 전기톱으로 갈라 버린다. 그다음 강철판 두 개를 상자가 잘라진 틈 사이로 넣는다. 마술사는 상자를 완전히 분리하고 각각의 상자를 빙글빙글 돌려가며 보여 준다. 하지만 앞서 말한 속임수로 상자 안의 사람은 지극히 무사하기 때문에, 미소 지으며 손을 흔들고 발도 움직인다. 이 두 개의 상자가 다시 합쳐지고 강철판이 제거된 뒤, 상자에서 사람이 원래 모습대로 민첩하게 빠져나와 다시 손을 흔들고 인사한다. 긴장했던 관객은 안도의 한숨과 함께 탄성을 지른다.

어떤 마술사는 긴장감을 높이고 꽤 그럴싸하게 보이려고 실제 톱을 사용해 상자를 자르고, 무대 옆에 의료진을 대기시킨다. 1920년대 호레이스 골딘은 무대 근처에 구급차를 대기시키기도 했다. 골딘은 자기 마술 기술의 특허를 내는 실수를 저지른 사람이기도 하다. 다른 마술사들로부터 자신의 비밀을 지키려고 한 행동이지만, 오히려 그 때문에 모든 것이 드러나고 말았다. 특허 취득을 하면 대중에게 기술을 공개해야 했기 때문이다(심지어 기술의 설명이 책으로 발간됐다).

이런 마술에서 '반으로 잘리는' 사람은 주로 여자였는데, 일부 페미니스트가 이를 비판하여 몇몇 마술사가 상자에 남성을 넣기 시작했다. 여성 마술사 도로시 디트리히는 이 마술에 남성 조수를 사용해 자신을 '남성을 반으로 자른 최초의 여성'이라고 이야기한다.

인도의 마술사 P. C. 소르카는 텔레비전에 출연해 둥근 톱으로 아내를 두 조각으로 잘랐다. 그가 이 '악랄한' 행동을 끝내자 갑자기 방송이 종료됐다. 시청자들은 그녀가 사고로 사망한 줄 알고 충격과 공포에 휩싸였다. 하지만 단지 생방송 시간이 끝나 진행자가 프로그램을 종료해 벌어진 해프닝이었다.

091 사람이 하늘을 날려면 얼마나 큰 날개가 필요할까?

아주 커야 한다! 1700년대와 1800년대 나무와 천으로 날개를 만들어 팔에 붙여 날려고 했던 사람들이 있었다. 1920년대와 1930년대에는 날개를 붙이고 다리에서 물로 뛰어내렸던 남자들이 무비톤 뉴스(주요 사건이나 뉴스를 엮어 만든 기록영화)에 나오기도 했다. 굳이 '남자들'이라고 한 이유는 여자들은 이런 무모한 짓을 하지 않기 때문이다!

필요한 양력을 구하는 공식은 다음과 같다. 양력(L)= $\frac{1}{2}dv^2sCL$로, d는 공기의 밀도, v는 날개 혹은 비행기의 속도, s는 날개의 면적, CL은 양력계수다. 양력계수는 받음각(날개깃 중앙의 시위선과 기류가 이루는 각)이나 에어포일(날개 표면 또는 몸체)에 따라 달라진다. 이 공식을 보면 날개가 클수록(s) 빨리 움직여야 한다(v). 그런데 v는 제곱이기 때문에 공중에 뜨기 위한 최소 속도는 비행체의 무게보다 빠르게 증가한다. 예를 들어, 날개 크기가 일정할 때 비행체 무게가 두 배로 증가하면 양력을 얻기 위한 최소 속도를 충족시키는 힘은 두 배 이상이 필요하다.

인간의 직접적인 비행 도전을 위해서는 먼저 날기에 적합한 엄청난 가슴 근육과 막대기처럼 가는 다리를 가진 사람을 찾아야 한다. 하지만 현실적으로 그런 사람을 찾기란 어렵다. 인간의 몸은 나는 데 적합하지 않다. 그리고 인간은 조류와 몸집이 비슷하다고 가정해도 뼛속이 비어 있는 조류보다 무겁다는 사실을 고려해야 한다.

하지만 인력(사람의 힘)을 이용한 비행은 가능하다. 1977년 폴 맥크리디는 '고사머 콘도르'를 고안해 8자 모양의 1.6킬로미터 코스를 비행하게 하는 데 성공했고, 10만 달러 상금이 걸린 크레머 상의 수상자가 됐다. 맥크리디는 뛰어난 자전거 선수는 3분의 1마력을 거의 무한대로 만들어 낼 수 있다는 사실을 알아냈다. 이것은 곧 자전거 페달식의 동력을 쓰면 비행체를 인력으로 띄울 수 있음을 뜻했다. 이제 그가 할 일은 가볍고 거대한 날개를 가진, 일종의 대형 행글라이더를 제작하는 것이었다.

자전거 선수 브라이언 앨런이 같은 해 8월 23일 고사머 콘도르에 동력을 제공했다. 그는 0.4밀리미터 두께의 속이 비치는 마일러(전기 절연재) 재질 조종석에 앉아서 페달을 밟아 프로펠러를 돌렸다. 고사머 콘도르는 날개 길이는 약 30미터인 데 반해 전체 무게는 겨우 31킬로그램 정도에 불과했다. 비행은 총 7.5분이 걸렸다.

2년 뒤, 맥크리디는 탄소섬유로 만든 고사머 알바트로스를 고안했다. 고사머 알바트로스는 영국해협을 비행했고, 21만 4000달러의 상금이 걸린 새로운 크레머 상을 차지한 비행체가 됐다. 해수면 1.5미터 위에서 최고속도 시속 28킬로미터로 비행해 35킬로미터 거리를 3시간도 채 안 걸려 주파했다. 고사머 알바트로스는 현재 미국 국립항공우주박물관에 전시돼 있다.

092 미래에는 타임머신을 만들 수 있을까?

이론적으로 따져 보면 미래로 가는 건 가능하지만, 과거로 돌아갈 수는 없다. 아인슈타인의 특수상대성 이론을 근거로 보면, 상대 속도를 바꾸면 미래를 여행할 수 있다. 그러려면 초속 약 30만 킬로미터에 달하는 빛에 가까운 속도로 이동해야 한다. 지금까지 인간이 도달한 가장 빠른 속도는 초속 11킬로미터 정도로, 달에서 복귀하던 우주비행선이 기록했다. 갈 길이 아주 멀다!

아주 빠른 속도로 이동하면 정지한 관측자에 비해 시간이 천천히 흐른다. 하늘에 보이는 가장 밝은 별 시리우스는 지구에서 약 9광년 떨어져 있다. 만약 당신이 빛의 속도에 99.99999999퍼센트 가깝게 이동하면 상대론적 효과는 평소의 7만 배가 작용한다. 질량이 7만 배로 증가하고, 시간이 같은 비율로 느려지며, 길이도 같은 양만큼 수축한다. 아침에 시리우스로 출발해 밤늦게 돌아올 수 있다. 당신은 나이가 하루 정도 더 들지만, 지구에 있는 모든 사람은 18살을 더 먹는다. 이건 마법도 주술도 아니다. 단지 현재는 이런 속도를 얻을 방법이 없을 뿐이다.

망원경도 일종의 타임머신이다. 우리가 과거를 볼 수 있게 하기 때문이다. 밤하늘에 안드로메다 은하를 보면 200만 년 전 과거를 보는 셈이다. 오늘 밤 보이는 빛은 안드로메다 은하에서 200만 년 전에 떠나 지구에 닿은 것이다. 심지어 안드로메다 은하는 지금 없을지도 모른다. 우리는 200만 년 전 그곳이 어떤 모습이었는지만 알 수 있다.

우리는 일어나지 않은 미래의 모습을 볼 수 없지만, 예상하거나 추측할 수는 있다. 물론 거의 모든 예상은 우리가 이미 아는 선에서만 이루어진다. 그리고 얼마나 예상을 잘하든, 우리 모두 미래에 관해 신경 쓰며 살아야 한다. 남은 삶을 미래에서 보내기 때문이다!

'시간 왜곡'이라는 용어는 공상과학 소설에서 만들어졌다. 시간 왜

곡은 어떤 대상이 특정 시간대에서 다른 시간대로 넘어갈 수 있도록 하는 시간 흐름의 변칙, 단절, 뒤틀림을 말한다. 즉 시간을 왜곡하면 인물이나 사건이 다른 시대로 옮겨가는 특별한 일이 벌어진다.

가끔 이 단어는 세대 차이를 언급하는 농담을 할 때도 쓰인다. 예를 들면, 이런 식이다. "그분들의 삶은 1950년대 이후 변한 게 없는 거 같아. 시간 왜곡이라도 하나 봐." 언제나 십 대들과 생활하는 선생으로서 말하는데, 아이들은 부모들이 시간 왜곡을 겪는다고 생각한다. 그러니 할머니 할아버지들은 오죽할까!

사람들은 알버트 아인슈타인의 시간과 공간에 관한 개념을 기반으로, 시간은 연속체로 관찰자의 관점에서 접거나 왜곡하거나 구부러질 수 있다고 말한다. 하지만 이 개념 속에서 사람이나 비행선이 시간 왜곡을 경험하려면 빛보다 빨리 이동해야 한다. 영화 〈스타트렉(The Star Trek)〉의 한 장면을 떠올려 보자. 커크 함장은 종종 승무원들에게 엔터프라이즈호의 속도를 워프 5로 올리라고 말한다. 여기서 '워프 5'는 오래전 만들어진 워프 공식에 따라 빛의 속도보다 125배 빠르게 이동하는 것을 의미한다.

이는 모두 영화 속 이야기로 현실과는 사뭇 다르다. 아인슈타인의 특수상대성 이론에는 어떤 물체도 빛보다 빨리 이동할 수 없다고 나와 있다. 그러니 "나를 빛의 속도로 날려줘, 스카티" 같은 말을 할 필요도 없고, 텔레포트 같은 것도 필요 없다. 빛보다 빠른 속도로 이동할 수 없기 때문이다. 빛의 속도는 우주의 궁극적 속도의 한계다. 만약 당신이 빛보다 빨리 이동한다면 교통경찰은 신경 쓰지 않아도 된다. 신께서 당신을 갓길에 세울 테니까!

아인슈타인은 빛의 속도로 이동하면 세상이 어떻게 보일지 궁금해했다. 그리고 10년이 걸려서야 답을 찾았다. 정답은 '절대 할 수 없다'였다. 빛의 속도로 이동하면 시간은 멈추고, 질량은 극한까지 증가하며, 길이는 가는 선으로 수축한다. 우주에서 왜곡은 시공간의 굽음으로, 흔히 중력으로 언급된다. 아이작 뉴턴이 중력의 작용을 설명했다면, 아인슈타인은 우주의 두 물체가 서로 끌어당길 때 중력이 하는 역할을 설명했다.

시간 왜곡은 실제로는 불가능하지만 미디어에서는 자주 접할 수 있다. 〈시간 왜곡(Time Warp)〉은 MIT의 과학자 제프 라이버먼과 카메라 전문가 맷 키어니가 출연한 디스커버리 채널의 과학 프로그램이다. 1975년에 개봉한 컬트영화의 고전 〈록키 호러 픽쳐쇼(The Rocky Horror Picture Show)〉의 사운드트랙에는 〈시간 왜곡〉이라는 노래가 들어가 있다.

093 텔레파시는 정말 있을까?

ESP(ExtraSensory Perception), 즉 초능력은 오감을 넘어선 불가사의한 능력을 말한다. 예지력은 무언가의 위치나 미래의 사건을 일반적인 감각을 넘어 알아내는 능력이다. 염력은 정신의 힘으로 물체를 옮긴다.

텔레파시나 독심술은 오감을 초월하는 소통 수단이다. '초자연적 현상'은 이렇게 과학적으로 설명할 수 없는 수많은 것을 포괄적으로 일컫는 용어다. 초능력의 확실한 증거는 찾기 힘들며 대개 이야깃거리 수준이다. 텔레파시도 과학적 실험을 많이 거쳤지만, 실제로 인정된 사례는 없는 듯하다.

많은 사람은 간혹 '텔레파시적' 경험을 한다. 전쟁터에 아들을 보낸 어머니가 아들의 죽음을 직감하거나, 전화가 울릴 것 같은 느낌이 강하게 들자마자 실제 울리는 경우가 그 예다. 몇 년 동안 못 만났던 친구를 생각하는데, 갑자기 마트에서 만나기도 한다. 이런 사례는 텔레파시일까 아니면 그냥 우연일까? 과학자들은 이 현상들을 밝혀낼 반복적이고 과학적인 실험을 할 의지가 없어 보인다.

자신이 생각만으로 물체를 움직이거나 구부릴 수 있다고 주장하는 사람들이 몇몇 있었다. 이스라엘계 영국인 유리 겔라는 숟가락 구부리기로 유명했지만, 그의 능력은 사기로 판명 났다. 숟가락 구부리기는 흔한 무대 마술이다. 1973년 겔라는 속임수를 잘 아는 아마추어 마술사 조니 카슨 앞에서 어떤 숟가락도 구부리지 못했다.

사람들은 무언가를 믿기 위해 많은 일을 벌인다. 많은 사람이 우리가 모르는 거대한 힘의 존재를 믿고 싶어 한다. 그 믿음이 그들에게 삶의 의미와 목표를 주기도 한다. 어떤 측면에서는 종교와 비슷하다.

그래서 언제나 빅풋, 네스호의 괴물, 로스웰에 착륙한 UFO, 버뮤다 삼각지대의 미스터리를 믿는 사람들이 있다. 반대로 달 착륙을 속임수라고 믿거나, 지구가 평평하다고 믿는 사람들도 있다.

텔레파시는 어떨까? 뭔가가 있을지도 모른다. 하지만 지금까지는 누군가 다른 사람의 생각을 읽을 수 있다는 확실한 증거는 나오지 않았다.

094 사람에게 치명적인 에너지는 어느 정도일까?

J(줄)은 에너지의 단위다. '줄'은 영국의 물리학자 제임스 프레스콧 줄의 이름에서 따왔다. 줄은 물을 데우는 데 얼마나 많은 역학에너지가 필요한지 측정했다. 그리고 1칼로리의 열에너지가 4.2J의 에너지와 같다는 사실을 발견했다.

그러면 1줄은 어느 정도일까? 앞서 설명했듯이 1줄은 1그램의 물 14.5도를 섭씨 1도 올리기에 충분한 에너지다. 또한 작은 사과를 1미터 공중으로 올리는 데 필요한 에너지이며, 반대로 같은 사과가 1미터 공중에서 떨어질 때 생기는 에너지이기도 하다. 전기적으로 1줄은 1와트가 1초 동안 흐른 에너지와 같다. 미국에서는 1킬로와트(kW)를 1시간 동안 사용하면 9센트 정도를 내야 한다. 이는 360만 줄이다.

이제 질문으로 돌아와서, 어느 정도 줄이면 사람을 저세상으로 보낼 수 있을까? 일부 제품에는 10줄 정도가 몸 안으로 들어가면 치명적일 수 있다는 경고가 쓰여 있다. 전력원은 카메라에 사용하는 축전기나 전선 등도 포함된다. 반면 일부 자료에는 단 1줄로도 사람 한 명을 죽게 할 수 있다고 나와 있다.

사실 결과는 전기가 마른 피부에 통하는지 젖은 피부에 통하는지, 혹은 상처를 통해 피부 속으로 전해지는지에 따라 다르다. 피부가 젖어 있으면 전기가 훨씬 잘 통한다. 전기가 한쪽 팔에서 다른 쪽 팔을 통해, 혹은 피부 아래로 심장을 가로질러 흐르면 20밀리암페어 정도의 아주 적은 전류도 치명적일 수 있다.

자동심장충격기(AED)는 공항, 학교, 컨벤션 센터 등 사람들이 많이 모이는 곳에 설치된 이동식 기기다. 심장과 폐에 관한 전문지식이 없거나 처음 사용하는 사람도 응급상황에서 설명을 듣고 바로 실행할 수 있다. 최초의 자동심장충격기는 360~400줄의 강력한 충격만 전달해 환자를 다치게 할 우려가 있었다. 하지만 새로 나온 기기들은 120~200줄의 낮은 단계도 선택할 수 있게 돼 있다. 각각의 충격은 양 패드의 양극 사이로 이동한다. 패드에서 흐르는 충격이 부정맥을 멈추고 심장이 다시 리듬에 맞춰 뛰게 한다.

우리가 사용하는 멀티탭에는 보통 '6구, 서지 프로텍터 장착, 840J' 등의 표시가 있다. 서지 프로텍터는 과도한 전압의 유입을 막는 장치다. 역시 줄로 흡수 가능한 에너지를 나타내며, 1000줄 이상이면 성능이 좋은 편에 속한다. 여기에는 금속산화물 배리스터(MOV)[39]가 부품

---

39 Metal Oxide Varistor. 전기회로에서 전류나 전압이 순간적으로 폭증하는 서지 피해를 방지해 주는 전압 차단 장치로, 아연산화물로 된 반도체 저항소자를 말한다.

으로 사용되는데, 이것은 서지 등의 초과 전력을 접지 접속으로 우회
시킨다.

095   자연발화는 가능한 일일까?

    자연발화는 실제로 일어난다. 휘발유, 석유, 도료 희석제가 묻은 천
이나, 쓰레기통에 버린 엔진 클리너에서 자연발화하는 것은 흔한 예다.
액체가 증발해 주변 공기를 가득 채우면 쉽게 불이 붙는다. 작은 불꽃
이나 강한 햇빛만 있어도 불타오른다.

    '분진 폭발'로 불리는 또 다른 자연발화도 있다. 곡물 저장소나, 제
재소, 비료가 실린 선박 등에서 발생한다. 공기가 곡물, 나무 또는 분말
의 미세한 알갱이(분진)로 가득 차면, 이 수십억 개의 작은 입자들 표면
이 불에 탈 수 있는 엄청난 면적을 제공한다. 작은 불꽃만 일어도, 쾅!
터진다.

    그러면 인간 자연발화는 어떨까? 많은 사람이 일어날 수 있다고 생
각하지만, 과학자들은 확신하지 않는다. 몸속에서 일어나는 화학반응
으로 사람 몸이 불길에 휩싸이지는 않는다.

    그러면 꾸준히 수백 건이나 제보된, 자연발화처럼 보이는 인간의 잔
해는 어떻게 된 걸까? 모두는 아니지만 대부분 사례에서 사람들은 이

미 죽은 뒤 연소했다. 다시 말하면, 멀쩡히 의자에 앉아서 포커 게임을 하다가 갑자기 인간 횃불이 되지는 않았다는 이야기다. 이런 사건은 보통 다음과 같은 공통점이 있다. 검시관은 방에서 달콤한 연기 냄새가 났다고 증언한다. 팔다리는 그대로 남기도 했지만, 머리와 몸통은 타서 숯처럼 돼 알아볼 수 없다. 피해자가 있던 방에는 다른 화재의 흔적이 거의 보이지 않는다.

일반적인 한 가설에서는 장에서 만들어진 메탄가스가 불을 일으킨다고 주장한다. 그리고 화학반응(효소)을 가속하는 데 사용되는 인체의 단백질이 메탄가스에 불을 붙인다고 한다. 좀 더 최근에 알려진 가설은 '심지효과'를 제시한다. 보통 양초는 가연성 지방산 밀랍의 가운데 심지를 넣어 태운다. 불은 심지에 붙지만, 양초가 계속 타게 하는 건 밀랍이다. 심지효과는 기본적으로 양초의 안팎을 뒤집어 놓은 개념이다. 인간의 몸, 신체의 지방이 가연성 물질 역할을 하고 희생자의 옷이 심지 역할을 한다. 지방이 열에 녹으며 옷에 흡수되어 밀랍처럼 옷을 천천히 계속 타게 한다. 이 가설은 희생자의 몸이 완전히 파괴된 상태지만 팔다리는 그대로 남아 있으며 주변은 불에 타지 않은 상황을 설명해 준다.

하지만 인간 자연발화 사례에 대해, 대부분 과학자는 자연발화가 아닌 다른 설명이 가능하다고 말한다. 많은 사례에서 피해자는 흡연자로 담배나 파이프에 불을 붙이고 잠들었다. 이 중 다수는 술을 마셨거나 움직임에 제약을 받는 병을 앓았다. 또 다른 일부는 범행을 저지른 뒤 증거를 없애기 위해 저지른 방화였다.

과학계에서는 대체로 자연발화 가능성에 대해 회의적이지만 소설에서는 주요 사건으로 등장하기도 한다. 찰스 디킨스는 1852년부터 1853년까지 《황폐한 집(Bleak House)》이라는 연재소설을 썼다. 이 소설에 크룩이라는 이름의 알코올 중독자가 등장하는데, 인간 자연발화로 세상을 떠났다.

096

별자리로 운명을 알 수 있을까?

점성술의 주장은 간단하다. 사람의 성격과 운명은 그들이 태어난 날의 태양, 달, 행성의 움직임으로 알 수 있다고 한다. 점성술사는 황도십이궁을 이용해 하늘의 위치를 해석하고, 그 사람의 인생을 예견해 중요한 결정을 내리는 일을 돕는다. 별점은 같은 방식으로 다음 달의 일을 예상하고 충고한다. 점성술은 인류가 세상을 바라보는 관점이 마술과 미신에 근거했던 시절에 만들어졌다. 당시에는 자연의 패턴을 알아내는 것이 생과 사를 가르는 중요한 문제였다. 점성술사들은 일 년 중 태양이 지나는 길에 있는 별자리가 중요하다고 믿었다. 이게 바로 황도십이궁이다.

간단히 말하면, 점성술은 맞지 않는다. 많은 연구에 따르면 점성술사들은 주장과 달리 실제로 아무것도 예측하지 못한다. 프랑스의 통계

학자 미셸 고클랭은 프랑스 역사상 최악의 연쇄 살인마의 별점을 150명에게 보여 주고 그들과 얼마나 잘 맞는지 물어봤다. 그러자 94퍼센트가 자신과 잘 맞는다고 답했다. 연구자인 제프리 딘은 스물두 명의 별점 결과를 정반대로 바꾼 뒤 점괘가 맞는지 물었다. 실험에 참여한 대상자 대부분은 손대지 않은 원래대로의 별점을 읽은 사람들과 같은 비율로(95퍼센트) 잘 들어맞는다고 답했다. 당연히 그랬을 것이다. 점성술은 최대한 모호하고 일반적인 표현을 쓰니까 말이다.

텔레비전에 나오는 초능력자들과 타로 점성술사들은 모두 우리의 호주머니를 노린다. 인간이 밤이 두려워 불을 피우고 주위를 돌던 시절에 만든 잔해와 고대 판타지에 우리는 집착할 필요가 없다. 신문에 날마다 나오는 별점을 재미로 보는 건 괜찮지만, 의미는 두지 말자. 이런 별점들은 대개 만화와 같은 페이지에 실린다는 사실을 기억하자. 셰익스피어의《줄리어스 시저(Julius Caesar)》에 나오는 카시우스는 이런 말을 했다. "인간은 때로 운명의 주인이 될 수도 있지. 브루투스여, 잘못은 우리의 별자리 운명에 있는 것이 아니라, 우리들 자신에게 있는 것이라네."

6장

엉뚱한 호기심도 과학으로
풀어 보자

Ask a Science Teacher

097

윤년은 왜 있을까?

　지구가 태양을 정확히 365일 만에 공전하지 않기 때문에 우리는 4년마다 윤년이 필요하다. 다른 이유는 없다.

　지구는 태양을 공전하는 데 365.25일이 걸린다. 그래서 1년이 지날 때 0.25일, 즉 4분의 1일이 남는다. 이 때문에 점차 실제 계절이 달력과 차이가 나게 되는데, 이를 방지하기 위해 남는 시간들이 하루가 되는 4년마다 한 번씩 하루를 추가로 넣어 준다. 이렇게 4년에 한 번 들어가는 윤일, 2월 29일은 거의 모든 나라에서 사용하는 그레고리력에 들어가 있다. 윤년은 2016년을 지나 2020년과 2024년으로 이어진다.

　하지만 이 문제는 생각보다 복잡하다. 정확히 말하면 지구는 한 번 공전하는 데 365.25일이 아닌 365.2422일이 걸리므로(365일 5시간 48분 46초다), 4년마다 하루를 더하면 과잉보상하는 셈이다. 이렇게 하면 400년마다 총 3일의 오차가 생긴다. 그래서 400년 중 세 번은 달력에서 윤일을 빼게 되었다.

　윤년을 결정하는 간단한 방법이 있다. 먼저 그해가 4로 정확히 나누어지면 윤년이다. 하지만 동시에 100으로 나누어지면 안 된다. 다만 400으로 나누어진다면 윤년에 다시 포함한다. 1600년은 윤년이다. 하지만 1700, 1800, 1900년은 윤년이 아니다. 다시 2000년은 윤년이지만 2100, 2200, 2300년은 아니다. 이런 식으로 패턴이 계속된다. 헷갈리면 그냥 서점에 가서 미리 잘 계산된 달력을 사면 된다. 나는 그렇게 할 계획이다!

윤년(leap year, 뛰어넘는 해)이라는 이름은 매년 하루씩 밀리던 요일이 윤날 때문에 하루를 '건너뛰고' 이틀씩 밀리게 되서 붙은 이름이다. 윤년에는 2월 29일 때문에 다음 달인 3월부터 이틀씩 변화가 생긴다. 예를 들어, 2010년 크리스마스 12월 25일은 토요일이었고 2011년에는 일요일이었는데, 2012년(윤년)에는 화요일, 2013년에는 수요일이었다. 2012년에 월요일이 아닌 화요일로 하루 더 '건너뛴' 것이다.

영국과 아일랜드에는 윤년에 여성이 청혼하는 전통이 있다. 그리스는 윤년에 결혼하면 불길하다고 여긴다. 몇몇 나라에서는 남성이 윤일에 여성의 청혼을 거절하면 돈을 주거나 옷을 사 주는 등의 벌칙을 문다. 또 어떤 나라에서는 윤일에 청혼을 거절한 남성은 여성에게 열두 쌍의 장갑을 사 줘야 하는데, 약혼반지를 끼지 못한 창피함을 감추라는 뜻이 담겨 있다.

098 왜 어떤 사람은 다른 사람들보다 더 똑똑할까?

먼저 '똑똑함' 또는 높은 IQ의 정확한 의미는 뭘까? '똑똑하다'는 말은 학문적 우수성을 표현할 때 자주 사용된다. 우리는 가끔 '똑똑하다'

와 '지적이다'라는 말을 동의어처럼 사용한다. 하지만 학문적 우수성과 지적 잠재력은 차이가 있다.

IQ가 높은 학생들이 학교에서 성적 상위권에 들 때가 많지만, 그렇지 않을 때도 있다. 지능에는 여러 종류가 있기 때문이다. 하버드대학교의 발달 심리학자 하워드 가드너는 언어, 논리-수학, 음악, 공간, 신체 운동, 대인 관계, 자기 이해를 포함한 다중지능 이론을 발표했다. 가드너가 1983년 출간한 기념비적인 책《마음의 틀: 다중지능(Frames of Mind: The Theory of Multiple Intelligences)》에 따르면, 모든 사람이 이런 지능들을 갖고 있지만, 발달 정도가 다르며 사용하는 법도 다르다.

'선천 대 후천'에 대한 논쟁은 150년 동안 이어져 왔다. 똑똑함은 얼마큼 부모로부터 물려받은 유전자에서 비롯되고, 또 얼마큼 환경에서 비롯될까? 어느 쪽이 우리 지능에 더 많은 영향을 끼칠까? 유전자가 어느 정도 영향을 끼친다는 사실은 모두가 알지만, 그게 정확히 얼마큼인지 아는 사람은 없다.

네덜란드 아이 4000명을 대상으로 진행된 연구를 보면, 첫째들은 다른 형제들보다 IQ가 약간 높았다. 어떤 가설에서는 첫째들이 부모의 관심을 더 받고 육아 기간도 길어 학문적 성취를 위한 토대가 더 잘 형성되었기 때문이라고 설명한다. 첫째의 IQ에 대한 이런 설명은 선천 대 후천 토론에서 '후천'을 지지한다.

개인의 관심과 노동관도 지능에 영향을 끼친다. 열심히 일하는 사람들은 긍정적이면서 게으른 사람보다 더 많이 배우는 경향이 있다. 그리고 음악이나 예술, 과학 같은 특정 주제에 관한 열정으로 더 많은 지식을 추구한다.

다른 요소는 어떨까? 과연 부와 사회적 지위도 지능에 영향을 미칠까? 어느 정도 그렇다. 교육이 중요하다고 배운 아이는 그렇지 않은 아이보다 지적 열망과 동기가 크다. 또 사람들은 비슷한 지식 수준의 배우자와 결혼하려는 경향이 있다. 재력도 마찬가지다. 가난한 가정은 아이를 대학에 보낼 능력이 없지만, 부유한 가정은 대학에 보낼 뿐 아니라 개인 교사까지 고용한다.

뇌는 하나의 장기로 분류하지만, 근육처럼 쓰면 쓸수록 기능이 향상된다. 사용할수록 더 튼튼해지고 효율적으로 변해 더 '똑똑해'지고 IQ도 높아진다. 반대로 사용하지 않는 사람은 그 능력이 감소한다. 음악은 어린아이에게 매우 좋다. 하지만 전문가들은 노인에게는 독서, 글쓰기, 퍼즐 맞추기 등을 추천한다.

미국에서 대학에 입학하려는 학생 대부분은 ACT나 SAT를 본다.[40] IQ 테스트는 개인의 일반적인 문제 해결 능력과 이해력을 평가한다. 기억력, 공간, 논리, 수학 능력 평가로 구성돼 있다. ACT와 SAT 출제 기관은 시험이 IQ 테스트와 달리 대학에서 학업을 얼마나 성공적으로 수행할 수 있을지 평가한다고 말한다. ACT와 SAT의 점수 및 등급이 대학 입학에 결정적인 영향을 끼치는 이유다.

마지막으로 똑똑함이나 높은 IQ는 한 사람의 일면에 불과하다는 걸

---

40 ACT(American College Testing)는 주로 고등학교 교육과정의 학업성취도 평가에 중점을 두고 있으며, SAT(Scholastic Aptitude Test)는 대학교육에 필요한 학업능력 평가에 중점을 둔다.

명심해 주길 바란다. IQ 테스트는 창의성, 공감 능력, 친절함, 자발성 등을 평가하지 않는다. 또 음악, 미술, 춤, 작문, 사회성 그리고 무엇보다 중요한 인간관계 지능을 측정하지는 못한다.

099 왜 일부 국가에서는 좌측통행을 할까?

세계의 많은 나라에서 차는 도로 오른쪽으로 운전하고, 차의 왼쪽에 운전자가 앉도록 돼 있다. (버진 아일랜드를 제외한) 미국도 마찬가지다. 운전자는 차 안에서 도로의 중앙선 쪽으로 앉는다.

세계의 대부분인 163개국은 도로의 오른쪽으로 차가 다니지만, 나머지 78개국은 왼쪽으로 다닌다(자치령, 속령, 미승인 국가 포함). 차가 도로에서 좌측통행하기로 가장 유명한 나라는 영국, 아일랜드, 인도 대부분 지역, 호주다. 눈치챘을 수도 있지만, 1800년대와 1900년대 초 영국의 지배를 받았던 나라들이 좌측으로 차를 모는 경향이 있다.

여기에는 역사적 이유가 있다. 오래전 사람들은 서로를 지나칠 때, 가능한 한 자신을 보호하기 좋은 위치로 가려고 했다. 대부분 오른손잡이였으니 왼쪽으로 지나갔다. 그렇게 해야 잘 쓰는 손이 상대방을 향했다. 오른손잡이는 말도 왼쪽으로 타는 게 더 편했다. 이렇게 해야 허리에 찬 칼이 말과 사람 사이에 걸리는 일이 적었다. 오른손잡이는 오른손을 뻗어 칼을 뽑기 위해 대개 왼쪽에 칼집을 찼기 때문이다.

1300년대 보니파시오 교황은 좌측통행을 칙령으로 내렸다. 영국은 이를 1773년 법으로 제정했고, 1835년 도로법안에 포함시켰다. 프랑스의 우측통행은 1789년 프랑스 혁명과 얽혀 있다. 옛날 프랑스 귀족들은, 걸어서 이동하는 시민들을 오른손 방향에 두고, 빠른 속도로 마차를 왼쪽으로 몰았다. 하지만 혁명이 시작되며 시민들이 귀족들의 머리를 쳐내자, 귀족들은 자신을 보호하기 위해 속도를 늦추고 최대한 튀지 않도록 오른쪽 도로로 섞여 들었다.

우측통행의 공식 기록은 1792년 파리에서 처음 시작됐다. 1800년대 초반 프랑스는 나폴레옹 시대에 거대한 제국을 건설했다. 독일, 폴란드, 스페인, 이탈리아, 스위스 같은 국가들은 프랑스에 점령당해 우측통행이 전파됐지만, 영국은 좌측통행을 유지했다.

미국은 독립 전쟁에 큰 도움을 준 프랑스의 라파예트 장군을 통해 우측통행이 전해진 것으로 여겨진다. 펜실베이니아주 랭커스터와 필라델피아에 있는 유료도로가 1795년 미국에서 처음으로 우측통행을 시행했다.

캐나다는 특이한 케이스다. 프랑스가 지배했던 퀘벡 같은 주는 차들이 우측으로 통행했고, 브리티시컬럼비아, 뉴브런즈윅, 노바스코샤, 프린스에드워드섬, 뉴펀들랜드는 한때 좌측으로 통행했다. 하지만 1920년대에 태평양 연안의 브리티시컬럼비아와 대서양 연안 지역이 오른쪽으로 바뀌고, 그 외 지역은 제2차 세계대전 뒤에 바뀌어 현재는 모든 차량이 도로의 오른쪽으로 통행한다.

911테러 때 쌍둥이 빌딩이 다 무너져 버린 이유는 뭘까?

미국표준기술연구소는 2001년 9월 11일 세계무역센터(WTC) 쌍둥이 빌딩 붕괴에 대한 조사를 지시받아, 2005년 10월 26일 최종 결과를 발표했다. 연구소가 웹사이트에 기재한 세계무역센터의 붕괴 원인을 살펴보면, "비행기의 충돌이 지지 기둥을 손상하고 강판 바닥과 마루 조직, 강철 기둥의 내화성 코팅을 벗겨 여러 층에 제트 연료가 뿌려졌다. …… 그 결과 이례적으로 많은 양의 제트 연료가 여러 층에 화재를 일으켰고(온도가 섭씨 1000도에 달했다), 측면 기둥 안쪽의 바닥이 늘어지고 당겨져 내화처리가 벗겨진 상태에서 바닥과 기둥을 심각히 손상했다. 이는 측면 기둥이 안으로 휘게 했고, WTC1의 남면과 WTC2의 동면을 파괴해 각각의 타워가 붕괴하기 시작했다."

증거 영상에는 한 면씩 약해진 두 타워가 완전히 주저앉는 모습이 나온다. 먼저 무너지기 시작한 꼭대기 층이 아래층을 덮치며 마치 팬케이크가 쌓이듯 연속적으로 1층까지 붕괴한 것이다.

세계무역센터의 붕괴 이후 텔레비전과 지면에서 수많은 음모론이 제기됐다. 비행기가 건물 꼭대기에 충돌했는데 건물 전체가 붕괴된 점이 이상하다고 생각됐기 때문이다. 가장 흔한 이야기는 누군가 테르밋과 성형 폭탄을 건물의 지하 기둥에 설치했다는 주장이었다. 테르밋은 군대에서 철을 자르기 위해 사용하는 방화 물질로 알루미늄 가루와 산화철을 섞어 만든 혼합물이다. 소이탄과 용접제의 원료가 되며, 오래 된 건물을 철거하거나 연속궤도, 즉 장대레일을 연결할 때 주로 쓴다. 테르밋은 섭씨 2760도 이상의 강력한 열을 내뿜는다. 목격자들은 건물 잔해에서 녹은 알루미늄이 12월까지 연기를 내뿜는 모습을 봤다고 한다. 이 이야기가 사실일 수도 있지만, 잔해에서 발견된 녹은 금속은 건물이 서 있는 동안 화재나 폭발에 짧은 시간 노출돼 생겼다기보다는, 폭발로 발생한 고온에 장시간 노출된 결과로 봐야 한다.

테르밋으로 세계무역센터를 폭파하려면 얼마나 많은 양이 필요할까? 추정컨대, 수천 킬로그램은 있어야 할 것이다. 그리고 그 많은 양의 테르밋을 건물에 몰래 들여와 수백 개의 기둥 표면에 일일이 부착한 뒤 무선으로 점화해야 건물이 무너지는 데 영향을 줄 수 있다. 테르밋은 불이 천천히 붙어, 비행기가 건물에 충돌하는 시간과 맞추기도 쉽지 않다. 아주 뛰어난 테러리스트라도 굉장히 해내기 힘든 작전이다.

강철은 섭씨 약 650도가 되면 강도가 반으로 줄고, 1500도에서 녹아 버린다. 수만 리터의 제트 연료로 발생한 세계무역센터 건물 상층의 화재는 320~430도 정도만 되어도 강철 기둥을 둘러싼 단열재를 녹이기에 충분했다. 그리고 단열재가 타자 위층 바닥의 무게를 견디지 못한 기둥이 무너져 버렸다.

미국표준기술연구소는 약 200명의 기술 전문가들로 수천 페이지의 문서를 검토하고, 현장에서 얻은 236개의 강철 조각을 분석했다. 또 수백 회의 실험과 정교한 컴퓨터 시뮬레이션으로 비행기가 타워에 충돌해 붕괴한 사건을 재구성했다.

세계무역센터 쌍둥이 빌딩의 붕괴와 여러 음모론에 대한 자료는 많이 있다. 특히 미국의 공영방송 PBS의 과학 프로그램 〈노바(NOVA)〉와 과학기술 잡지 《파퓰러 메캐닉스(Popular Mechanics)》의 2005년 3월호가 심도 있게 다루었으니, 관심이 있다면 찾아보도록 하자.

101 동전은 어떻게 만들어질까?

최초의 동전(대개 금이나 은)은 현재 터키 지역에서 기원전 640년에 만들었다. 그 후 그리스로 전해진 뒤 로마로 퍼졌다.

워싱턴 DC에 본부가 있는 미국 조폐국은 필라델피아, 덴버, 샌프란시스코에서 동전을 제작하며, 웨스트포인트와 포트 녹스에도 제조 시설이 있다. 동전은 구리, 아연, 니켈 등의 원자재로 길고 복잡한 과정을 거쳐 만들어진다. 몇몇 민간 제조사에서 그림이 들어가지 않은 밋밋한 동전, 화폐 판금을 만들어 조폐국에 납품한다. 조폐국은 위조를 방지하기 위해 주형을 자체적으로 만들어 사용한다. 주형은 동전의 양면을 찍어내는 두 개의 금속 조각이다. 여기에는 우리가 보는 동전의 그림이 반대로 새겨져 있다. 조폐국은 동전을 거대한 기계로 찍어 광내고 검사한다.

유통용 동전은 덴버와 필라델피아에서 제작하며, 각각 D와 P가 새겨져 있다. 수집용 동전과 세트는 샌프란시스코에서 만든다. 조폐국은 매일 각기 가격이 다른 여섯 종류로, 모두 7000만 개의 유통용 동전을 제작한다.

미국 조폐국에 따르면 25센트짜리 동전(쿼터) 하나를 만드는 데는 겨우 몇 센트가 든다. 25센트는 바로 그만큼 가치가 생겨 조폐국이 차익을 남긴다. 그러나 요즘 금속 가격이 올라 1센트짜리 동전(페니)은 만들고 유통하는 데 그 이상의 돈이 든다. 5센트짜리 동전(니켈)도 같은 상황이다. 조폐국은 1센트나 5센트 동전을 만들고 유통할 때마다 손해를 본다.

사람들은 1센트의 외면이 구리색이라 1센트 동전을 구리로 만든다고 생각한다. 하지만 구리는 동전을 얇게 코팅할 때만 쓴다. 1982년 이후 1센트는 97퍼센트가 아연이다. 1센트 동전을 순수한 구리로 만든 마지막 해는 1856년이다. 요즘 미국의 10센트(다임)와 25센트 동전은 구리 약 92퍼센트에 니켈 8퍼센트로 돼 있다. 5센트 동전은 75퍼센트 구리에 25퍼센트 니켈로 만들어진다.

2009년 이후 링컨 기념관은 1센트 동전에서 모습을 감췄다. 미국 조폐국은 에이브러햄 링컨의 탄생 200주년과 그의 초상이 들어간 화폐의 출시 100주년을 기념해 네 가지 디자인의 1센트를 발행했다. 각각의 동전에는 링컨의 다양한 모습이 담겨 있다. 2010년에 1센트 동전은 새롭고 영구적인 디자인으로 재탄생했다.

현재 법에 따르면 유통되는 모든 통화에는 '자유(Liberty)', '우리가 믿는 신 안에서(In God We Trust)', '미합중국(United States of America), '여럿으로 이루어진 하나(E Pluribus Unum)' 등의 문구와 동전의 액면가와 제작연도가 표기돼 있어야 한다.

**여름에 도로 위로 보이는
물웅덩이는 뭘까?**

아지랑이는 공기의 기온 차이로 인해 나타나는 빛의 굴절 현상이다. 그리고 기온차가 더 커질 때는 신기루가 나타난다. 신기루는 실제 눈에 보이는 착시현상으로 환상이 아니며 사진에도 찍힌다. 영어로 신기루를 의미하는 '미라지(mirage)'의 어원은 라틴어 '미라레(mirare)'로, '보다' 혹은 '경이롭게 여기다'를 뜻한다.

'도로 위의 물웅덩이'는 흔히 보이는 신기루로 빛의 굴절로 일어난다. 햇빛이 도로에 내리쬐면 검은 표면이 열을 흡수하고 뜨거운 공기가 상승해 도로 위 30센티미터 정도 높이에 따뜻한 공기층이 형성된다. 뜨거워진 도로는 바로 위 공기를 주변 기온보다 몇 도 높게 유지한다. 이렇게 따뜻해진 공기는 그 위의 시원한 공기와 함께 비균일 매질 역할을 하게 된다.

빛은 균일한 매질에서는 직선으로 움직이지만, 밀도가 다양한 매질에서는 굴절한다. 그리고 밀도가 낮은 따뜻한 공기에서 더 빨리 움직인다. 멀리 하늘에서 온 광선은 보통 땅에 부딪힌다. 하지만 이런 경우에는 차갑고 밀도 높은 공기를 지나다가 땅 위의 뜨겁고 밀도가 낮은 공기로 진입하며 꺾이게 된다. 밀도가 낮은 공기에서 속도가 올라간 빛은 위로 휘면서 우리 눈으로 들어온다.

도로 저 앞에서 보이는 물웅덩이는 사실 하늘의 조각이다. 뜨거운 도로 위 물웅덩이는 물체의 상이 실제 위치보다 낮은 곳에서 나타나는 '아래 신기루'의 가장 흔한 예다. 사막에 나타나는 신기루도 마찬가지다. 빛이 물이나 유리 표면처럼 굴절률이 아주 큰 표면에 맞으면 전반사가 일어난다. 이렇게 빛이 완전히 반사되도록 하는 각도를 임계각이라고 한다. 임계각에서 물이나 유리와 같은 매질의 표면은 거울처럼 작용한다. 뜨거운 공기도 마찬가지다.

신기루는 물웅덩이처럼 보이지만, 사실은 하늘에서 오는 빛인 셈이다. 자세히 보면, 물웅덩이 속에 솜털 같은 하얀 구름이 보일 때도 있다. 차의 앞 유리를 올려다보면 하늘에 떠 있는 구름을 볼 수 있다. 그리고 저 멀리 도로에 똑같은 구름 조각이 보인다. 굳이 따지지 않아

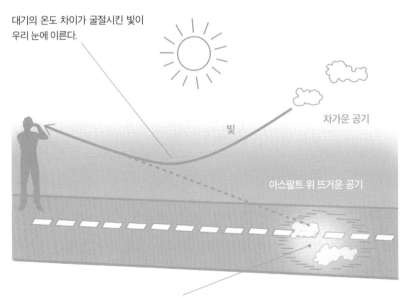

대기의 온도 차이가 굴절시킨 빛이
우리 눈에 이른다.

차가운 공기

빛

아스팔트 위 뜨거운 공기

우리 뇌는 빛이 직선으로 움직인다고 생각하기 때문에 저 앞 도로에서 나온다고 착각한다.

도, 빛이 구름 쪽에서 왔다고 짐작할 수 있다. 즉, 자동차 앞 도로에 비스듬히 내리쬔 광선이 도로 위 밀도가 낮은 공기와 부딪쳐 위로 굽으며 운전자의 눈에 들어오는 것이다. 굴절은 점진적으로 변하는 대기의 온도에 따라 연속적, 단계적으로 일어난다.

요약하자면, 신기루는 빛이 차가운 공기와 뜨거운 공기라는 비균질 매질을 통과하여 모두 반사되고 굴절하여 우리 눈에 들어 온 상(像)이다. 바로 눈앞이 아닌 저 멀리에서 보이는 이유는 공기의 밀도차로 인해 빛의 굴절 각도가 서서히 바뀌기 때문이다.

103 배기가스는 왜 해로울까?

인생의 많은 것이 그렇듯, 자동차도 양날의 칼이다. 자동차는 힘세고, 편리하고, 매력적이다. 탁 트인 도로를 달리는 자유를 선사하기도 한다.

하지만 자동차는 사고를 일으키고 오염물질을 내뿜는 위험한 물건이다. 자동차 운전은 보통 사람들이 저지르는 가장 심각한 환경파괴 행위라고 한다. 미국의 차량 배기가스는 크게 두 가지 이유로 증가하는데, 바로 차량 수 증가와 차체 대형화 때문이다. 석유 가격이 꾸준히 오르지 않는 이상 밴이나 픽업트럭, SUV가 더 늘어날 것으로 보인다.

자동차 배기가스에 포함된 성분들을 살펴보자. 일산화탄소, 질소산화물, 이산화황, 벤젠, 포름알데히드, 현탁 물질[41] 등이 있는데, 이 중 가장 위험한 물질은 일산화탄소다. 우리 혈액 속에 있는 헤모글로빈은 산소를 폐에서 우리 몸 곳곳으로 보낸다. 근육 및 여러 기관의 세포에 산소를 전달한다. 하지만 일산화탄소는 산소보다 헤모글로빈에 200배 이상 잘 결합해, 산소가 붙지 못하게 한다. 일산화탄소 중독은 질식의 형태로 나타나며, 심혈관 계통에 큰 부담을 준다. 그래서 차고 같은 닫힌 공간에서 차의 시동을 켜 놓고 있으면 매우 위험하다. 가능하면 배기가스가 흘러가는 반대 방향에 있어야 한다. 얼굴을 배기관에 갖다 대는 행동은 절대로 하면 안 된다.

발암물질로 알려진 벤젠은 적혈구를 만드는 골수에 영향을 끼치며, 빈혈, 백혈병, 림프종과도 연관된다. 벤젠은 담배, 살충제에서도 검출된다. 다시 말하지만, 이렇게 우리에게 꼭 필요한 어떤 것이 부정적 효과도 함께 가진 양날의 칼과 같을 때가 있다.

1996년 이후 만들어진 대부분의 차에는 컴퓨터로 엔진 성능을 진단할 수 있는 표준 단자가 들어 있다. 컴퓨터로 엔진에 들어가는 공기나 연료, 배출되는 가스를 조절할 수 있다. 미래는 밝다. 하이브리드 자동차와 소형 엔진 차량도 더 많이 생산되고 있다. 가솔린보다 온실가스를 적게 배출하는 에탄올의 사용도 도움이 된다(비록 에탄올이 암을 일으키는 포름알데히드와 아세트알데히드를 만들어 내고, 온실효과를 가속하는

---

41 액체에 풀려 떠 있으면서 그 액체를 흐리게 하는 물질로, 진흙 알갱이, 각종 부유 물질 등이 있다.

이산화탄소의 배출로 오염을 증가시킨다는 논란도 있기는 하지만).

아무튼 자동차나 트럭이 내뿜는 배기가스 근처에는 될 수 있으면 가지 말아야 한다. 어쩔 수 없이 오염물질을 들이마시게 되기 때문이다. 개인적으로 나는 조깅할 때 집 근처 토마 호수에 가지 않고, 묘지가 있는 습지 지역으로 간다. 저녁 퇴근 시간이 되면 호수 근처 도로가 자동차로 가득하다. 나는 묘지의 유령보다 배기가스가 더 무섭다!

왜 비누는 향기가 좋은데 맛이 없을까?

이 질문은 두 가지 감각과 두 가지 형태의 재료에 관해 이야기한다. 비누는 지방, 기름, 가성소다(수산화나트륨)로 만들어 맛이 없다. 하지만 제조사에서 향수를 첨가해 좋은 냄새가 난다.

초기 비누는 끓인 동물지방(수지)이나 식물성 유지를 나무 재와 섞어 만들었다. 중세까지 비누는 많이 사용되지 않았다. 목욕을 하면 모공이 질병에 노출된다고 생각했기 때문이다. 영국의 헨리 8세의 부인이 여섯 명이나 됐던 것도 어찌 보면 당연하다. 누가 목욕도 안 하는 남편을 좋아했겠는가? (물론 헨리 8세는 바람기 때문에 여러 번 이혼했다.)

1779년 스웨덴의 화학자 칼 빌헬름 셸레가 글리세린(글리세롤)을 만들고, 1813년 프랑스의 화학자 미셸 쉐브렐이 지방과 기름의 화학 구성에 관한 논문을 연달아 발표하며 돌파구가 생겼다. 글리세린은 비누가 피부에 주는 자극을 줄여 줬다.

'비누화'는 알칼리를 지방과 반응시켜 비누를 만드는 과정을 세련되게 표현한 말이다. 가성소다 잿물로도 알려진 수산화나트륨은 경비누(고형 비누)를 만드는 데 사용하고, 수산화칼륨은 연비누를 만드는 데 쓴다. 제2차 세계대전 이전의 비누는 커다란 가마솥에 지방과 기름을 섞어 넣고, 앞에 언급한 물질 중 하나와 약간의 소금을 첨가해 만들었다. 비누는 가마솥 위부터 응고돼 떠다녔는데, 인부들이 걷어내 가루나 덩어리로 만들었다. 오늘날 비누도 더 높은 온도와 압력에서 원심분리기를 이용해 빨리 만든다는 점만 빼면 같은 원리로 제조한다. 여기에 좋은 향을 내기 위해 향수를 더할 뿐이다.

특수한 화장 비누인 '뜬 비누'가 만들어진 전설 같은(아마 사실이 아닌) 이야기가 있다. 1878년 오하이오주 신시내티에 있던 프록터 앤드 갬블(P&G) 공장에서 일하던 직원 한 명이 깜빡하고 비누 제조 기계의 전원을 끄지 않은 채 점심을 먹으러 갔다. 그가 돌아왔을 때는 이미 기계에 너무 많은 공기가 들어가 거품이 잔뜩 낀 상태였다. 그는 자신의 실수를 숨긴 채 비누 덩이를 시내로 보냈다. 굳은 비누는 조각으로 잘려 판매됐다. 그리고 얼마 후 사람들은 이 '물에 뜨는 비누'를 찾기 시작했다. 이렇게 신제품이 탄생했고, P&G는 1891년 모든 제품에 '떠다녀요'라는 문구를 넣기 시작했다.

이 이야기는 낭설일 확률이 높다. P&G의 홍보 담당자인 에드 라이더는 회사의 화학자 중 한 명이자 창립자의 아들인 제임스 N. 갬블이 이미 1863년 초에 이런 비누를 만드는 법을 알았다고 한다.

나는 농장에서 자랄 때 비누를 직접 만들어 썼다. 우리 가족은 가게에서 잿물을 통으로 사다가 돼지의 지방을 정제한 라드(돼지기름)에 섞었다. 이 액체를 끓이고 그릇에 부은 뒤 식히면 단단해졌다. 이 비누는 씻는 데 쓰지 않고 빨래할 때만 사용했다. 너무 단단해 샤워할 때 쓰면 피부가 벗겨질 수도 있었기 때문이다!

105 왜 스쿨버스에는 안전띠가 없을까?

미국 고속도로교통안전국(NHTSA)은 안전띠가 학생들을 보호하는 제일 효과적인 방법은 아니라는 입장이다. 그리고 '구획화'가 좋은 대안이 될 수 있다고 말한다. 구획화란 충격 흡수 재질로 만든 등받이가 높은 좌석들을 가깝게 배치하고 차체의 바닥에 단단히 고정시키는 것이다. 안전띠는 정면에서 오는 충격만 아주 조금 더 보호할 수 있다는 게 기본적인 주장이다. 실제 안전띠를 하면 머리와 목을 다칠 확률이 높아진다는 연구도 있다.

스쿨버스는 어린아이에서 고등학교 학생까지 다양한 승객이 탄다. 하지만 안전띠는 각 아이들의 몸집에 맞춰 올바르게 착용돼야 한다. 엉덩이 아래쪽에서 허벅지 위쪽에 꼭 맞게 감겨야 하는 것이다.[42] 안전띠를 잘못 착용하면 오히려 심각한 부상을 입는다. 유치원이나 저학년의 작은 아이들이 어깨띠가 없는 허리띠를 착용하는 건 위험하다.

스쿨버스에 안전띠를 추가하지 않는 이유는 몇 가지가 더 있다. 첫째, 스쿨버스는 트럭이나 탱크처럼 크고 무겁다. 자동차와 충돌해도 끄떡없다. 둘째, 안전띠를 설치하면 비용이 많이 들고 좌석 공간이 줄어든다. 셋째, 스쿨버스 사고로 사망하는 비율은 이미 극단적으로 낮다. 대부분 사망 사고는 아이가 버스에서 타거나 내릴 때 차에 치여 발생한다. 스쿨버스는 점멸등, 반사재, 거울 등 이미 안전 장치로 가득 차 있어, 오히려 혼란을 초래할 수 있다. 마지막으로 차체 전복이나, 화재 등의 사고가 발생하면 안전띠를 풀고 아이들을 구하는 데 더 많은 시간이 걸린다.

스쿨버스 안전 문제는 대부분 안전하고 자격을 갖춘 운전기사의 선발과 관련된다. 교육구[43]는 대개 많은 시간과 돈, 노력을 들여 스쿨버스 기사들을 훈련한다. 그냥 '아무나' 뽑아서 스쿨버스 운전을 맡기던 시절은 오래전에 지나갔다. 기사들은 영업용 운전면허와 스쿨버스 운전자 인증을 취득해야 한다. 정확한 자격요건은 주마다 다르지만, 훈련에는 일반적으로 10시간의 주행, 사전 교육, 필기시험 및 전문가와 주행 기능 시험이 포함된다. 그리고 스쿨버스 기사들도 트럭 기사들과 마찬가지로 불시에 약물검사를 받아야 한다.

---

42 안전띠에는 허리와 허벅지를 함께 감싸는 3점식, 허벅지만 감싸는 2점식이 있다. 미국은 2018년 1월부터 여기에서 언급하는 2점식 안전띠의 차량 설치를 금지했다.
43 미국 공립학교를 운영하는 교육행정의 기본단위를 말한다.

어떻게 껍데기 안의 땅콩에 소금을 입힐까?

조리 시 땅콩을 소금물에 넣고 10~20분간 압력을 가하면 소금이 스며든다. 소금이 녹아 있는 물이 압력을 받으면 땅콩 껍데기 안에 소금이 들어가게 된다. 함께 들어간 잉여 수분은 땅콩을 섭씨 426도의 매우 건조한 오븐에서 로스팅해 제거한다. 땅콩을 소금물에 넣기 전에 진공처리를 해 껍데기 안의 공기를 제거하는 기계도 있다. 로스팅 과정은 땅콩의 당과 아미노산의 반응을 일으켜 풍미가 더해지고 맛이 좋아진다.

땅콩 껍데기는 어떻게 벗길까? 소비자는 껍데기째 사서 손으로 벗기면 되지만, 판매업자는 손으로 벗기려면 노동비를 감당할 수 없다. 그래서 대량의 땅콩을 망에 통과시킨 뒤 송풍기로 잎, 잔가지, 벌레 등을 날려 버리고 자석으로 금속물질을 제거한다. 그다음 구멍의 크기가 다양한 망 위로 굴려 크기별로 분류한다. 크기가 작은 땅콩은 첫 번째 망에서 걸러지고 큰 땅콩만 다음 망으로 건너간다. 크기별 분류는 껍데기를 벗길 때 중요한 공정이다. 땅콩의 껍데기는 압착기로 깨는데, 작은 땅콩이 큰 땅콩용 압착기에 들어가면 껍데기가 깨지지 않고 그대로 통과한다.

땅콩은 꽃을 지상에 피우지만, 열매는 땅속에서 맺는 신기한 식물이다. 콩과 식물이며 알팔파, 클로버, 완두콩, 콩처럼 뿌리에 질소고정[44]

---

44 공기 속의 질소 기체 분자를 원료로 해서 질소 화합물로 만드는 일을 뜻한다.

박테리아를 갖고 있어 뿌리혹[45]을 생성한다. 이 혹들이 공기 중의 질소를 흡수하고 박테리아가 토양을 비옥하게 한다. 콩과 식물은 질소를 이용해 단백질을 만든다. 먹으면 몸에 좋은 식물이다.

땅콩은 미국 남부와 같은 따뜻한 날씨를 좋아해, 남아메리카나 아프리카 대부분 지역에서 자란다. 미국에서 생산하는 땅콩 중 40퍼센트는 조지아주에서 나며, 나머지는 텍사스주, 버지니아주, 캘리포니아주, 앨라배마주, 플로리다주에서 생산한다. 그리고 이 중 절반 이상이 땅콩버터를 만드는 데 쓰인다.

107 골프공은 어떻게 휘어져 날아가는 걸까?

골프공 표면의 요철이 공기를 잡아 공 주변에 얇은 층을 형성한다. 이 '경계층'은 공과 함께 회전한다. 골프공은 티(공을 얹어 놓는 대)에서 날아갈 때 엄청난 역회전이 걸린다. 역회전이 걸린 상태에서 앞으로 날아가기 때문에 공 아래의 공기는 바람에 '맞서고' 위의 공기는 바람

---

45 세균이나 균사가 고등 식물의 뿌리에 기생하여, 그 자극으로 뿌리 조직이 이상 발육하면서 생긴 혹 모양의 조직이다. 주로 콩과 식물에 나타난다.

을 '타고' 흐른다. 공의 위쪽을 지나는 공기는 아래쪽 공기보다 속도가 빠르다. 이 속도의 차이가 공의 아래쪽에 더 많은 압력을 가한다(베르누이 법칙). 그래서 공은 비행기 날개처럼 양력을 받는다.

공은 똑바로 치지 않으면 왼쪽이나 오른쪽으로 휘어져 날아간다. 위쪽으로의 양력뿐만 아니라 왼쪽이나 오른쪽, 즉 원하지 않는 방향으로의 양력까지 받게 되기 때문이다. 공이 휘지 않게 하려면, 골프채의 평평한 면(페이스)이 공을 날리려는 방향과 수직을 이뤄야 한다. 그렇지 않으면 공은 시계 방향이나 반시계 방향으로 휘어진다.

108 왜 테니스공에는 솜털이 있을까?

지역 테니스 선수 몇몇에게 물어봤지만, 대답이 확실치 않아 자료를 찾아봤다. 하워드 브로디 교수는 《물리선생님(The Physics Teacher)》과 《미국 물리 저널(American Journal of Physics)》에 테니스공이 지면에 충돌할 때 발생하는 충격에 관한 글을 쓴 적이 있는데, 이 기사가 좋은 참고가 되었다.

테니스공의 솜털은 공과 지면의 접촉을 늘린다. 마찰이 늘어 코트에 부딪힐 때 미끄러지기보다는 회전하게 된다. 간혹 이런 성질을 이용해 공을 잘라 의자 다리에 끼워 미끄럼을 방지할 때 쓰기도 한다.

경기할 때 사용하는 톱스핀, 백스핀, 사이드스핀 같은 기술은 공의 솜털이 지면을 잡아 주기 때문에 더 확실하게 발생한다. 이는 테니스공이 잔디나 클레이코트, 고무코팅 코트 등 지면에 따라 다르게 움직인다는 뜻이다. 매끈한 공은 지면에 상관없이 똑같이 움직인다.

브로디 교수의 글을 보면, 테니스공의 솜털은 나름의 전통에 기반을 두고 있다. 테니스는 현대의 테니스공이 처음 등장하기 800년 전부터 해 오던 스포츠다. 최초의 테니스공은 사용하면서 천으로 공을 감싸 '보송보송하게' 만든 것으로 보인다. 요즘 테니스공은 일반 대기압의 두 배에 달하는, 27프사이(psi)[46]의 압력을 가해 인조직물이나 양모를 붙인다.

테니스공은 사람의 눈이 가장 예민하게 반응하는 연두색이다. 형광 노란색도 사용하지만, 방송국에서는 화면에 더 잘 나오는 연두색을 선호한다. 미국의 학교 주변 교통 표지판과 응급 차량도 같은 색을 쓴다.

109 지구에는 얼마나 많은 사람이 살까?

미국통계국에 따르면 세계 인구는 2018년 기준 75억 명을 살짝 넘

---

46 압력의 단위이며 제곱인치당 파운드, 즉 pound per square inch의 약어로 피에스아이라고도 읽는다. 대기압, 즉 1기압은 14.696프사이다.

는다.[47] 세계 인구의 증가 추세를 10억 단위로 기록하면 다음과 같다.

1. 1802년 10억 명
2. 1927년 20억 명
3. 1961년 30억 명
4. 1974년 40억 명
5. 1987년 50억 명
6. 1999년 60억 명
7. 2012년 70억 명

인구는 오랜 시간에 걸쳐 폭발적으로 증가해 왔는데, 이는 주로 출산율의 증가에 기인한다. 2019년 기준, 미국에서는 8초마다 한 명이 태어나고 10초마다 한 명이 죽는다. 또 31초마다 한 명이 이주(이민)해 온다. 이렇게 18초마다 인구가 한 명씩, 1년에 약 230만 명 정도 늘어난다. 내가 고등학교에 다닐 때 미국의 인구는 1억 8000만 명이었는데, 지금은 3억 3000만 명에 가깝다.

지구는 얼마나 많은 인구를 감당할 수 있을까? 여러 연구에 따르면, 약 100억 명이 최적이라고 한다. 하버드대학교의 저명한 사회 생물학자 에드워드 윌슨도 지구의 가용 자원을 계산해 같은 숫자를 산출해 냈다.

---

47 실시간 세계 통계 사이트(www.worldometers.info)에 따르면 2019년 기준 약 77억 명이다.

문제는 음식, 물, 집, 의료, 직업 등의 부족이 아니라, 이런 기본적 요소를 어떻게 분배하느냐다. 가령, 미국은 세계 인구의 5퍼센트 미만을 차지하지만, 전체 에너지의 약 20퍼센트를 소비한다. 그야말로 '흥청망청' 쓰는 셈이다!

토머스 맬서스의 《인구론(An Essay on the Principle of Population)》(1798)에 따르면, 자연에서 동물과 식물은 생존 가능한 수보다 훨씬 많은 자손을 낳는다고 한다. 그는 인간도 마찬가지로, 가만히 두면 지나치게 자식을 많이 낳을 수 있다고 주장했다. 그리고 가족 규모를 제한해 키울 수 있는 수의 아이만 낳게 해야 한다고 제안했다. 2세기 뒤 중국은 한 가정에 한 아이만 낳는 정책으로 맬서스의 제안을 실행에 옮겼다.

파울 에를리히는 인구 증가가 식량 생산을 크게 앞지를 것이라 주장했다. 그의 저서 《인구 폭탄(The Population Bomb)》(1968)은 출간되자마자 크게 화제가 되었다. 에를리히와 다른 비관론자들은 주요 자원을 놓고 세계 전쟁이 일어나 큰 참사가 벌어질 것이라고 예언했다. 그들은 결국에는 대지가 벌거벗게 되리라 믿었다. 하지만 요즘 우리는 서양 국가들이 낮은 출산율로 인해 경기 침체와 퇴보를 겪게 되리라는 예측을 듣는다. 개인적으로, 인구 감소가 그리 나쁜 뉴스만은 아니라고 생각한다. 지금도 주차장에 가면 사람이 너무 많다. 맥도날드에서 줄을 설 때도 마찬가지다!

웹사이트 www.census.gov에 가면, 미국과 전 세계의 실시간 인구시계를 볼 수 있다.

**자동차 사고가 일어날 확률은
얼마나 될까?**

자동차 사고와 비슷한 부류의 사고는 확률을 계산하기 쉽다. 미국에서 해마다 사고로 발생하는 사망자(3만 5000명 전후)와 부상자의 수(약 300만 명)를 더해 전체 인구로 나누면 된다(약 3억 3000만 명). 계산해 보니, 미국에서 자동차 사고로 사망하는 사람은 1만 명당 1명이 약간 넘는다(나이와 지역 등 다른 요소로 세분화할 수도 있다).

하지만 수량화하기 힘든 사고도 있다. 가령 핵발전으로 사망할 확률은 어떨까? 미국에서는 핵발전 때문에 사망했다고 밝혀진 사람이 없어, 계산하기 매우 어렵다.

우리는 평소 생활방식이나 행동을 파악해 불의의 사고로 사망할 확률을 줄일 수 있다. 사람들은 흡연, 과음, 과식, 안전띠 미착용 등이 위험한 행동이라는 걸 잘 알면서도 그런 행동을 하거나 그에 중독되어 끔찍한 결과를 맞는 경우가 많다. 인간이 언제나 상식적이고 과학적인 수치에 따라 행동하는 건 아니라는 이야기다. 어떤 사람은 먼 거리를 이동하는 가장 안전한 수단이 비행기임을 알면서도 이용하기를 꺼린다. 미국에서 매년 약 50명이 낙뢰로 사망하지만, 태풍이 부는 날 쇠막대기를 공중에 치켜들고(골프 등) 위험한 행동을 하는 사람도 많다.

사고 예방을 위한 일부 행동은 사고의 종류만 바꾸기도 한다. 예를 들어, 지하에 집을 지으면 자동차나 비행기와 충돌할 염려가 없고, 토네이도나 허리케인도 피할 수 있지만 예상치 못한 다른 사망률이 높아진다. 지하에 동굴 형태로 만든 집은 라돈가스에 의한 암 발생과 익사의 확률을 엄청나게 높인다. 자신이 아는 사고 확률만 줄인 셈이다.

그럼 어떻게 해야 할까? 알고 있는 위험한 행동만 안 하면 된다. 아리스토텔레스의 말에 따라, 성공과 행복한 삶을 위해서는 중도를 걸으면 된다. 뭐든 적당한 게 최고다!

111 왜 무게의 단위 '파운드(Pound)'를 lb.로 나타낼까?

무게의 단위 'lb.'는 라틴어 '리브라 폰도(libra pondo)'에서 유래했다. '리브라(libra)'는 저울 또는 평형을 뜻한다. 천칭자리(libra)와 같은 말인데, 천칭자리는 저울의 양쪽이 균형을 이루는 별자리다. 파운드는 라틴어 '폰도(pondo)'에서 파생했는데, 번역하면 '무게'라는 뜻이며 '육중한'이라는 단어와 연관된다.

온스(Ounce)의 준말은 'oz'인데, 이탈리아어 '온자(Onza)'를 나타내는 말이다. 이것은 12분의 1을 뜻하는 라틴어 '운키아(uncia)'에서 왔다. 예전에는 1파운드는 12온스와 같았지만, 오늘날은 16온스로 바뀌었다.

보석상이나 귀금속 판매자들이 사용하는 트로이 단위(영국에서 금,

은, 보석 따위를 다룰 때 사용하는 단위)는 여전히 12온스를 1파운드로 계산한다. 아주 혼란스러운 단위 체계다. 그래서 미국을 제외한 거의 모든 국가가 미터법을 사용한다.

과학에는 따로 조사해 봐야 그 기원을 알 수 있는 조금 이상한 상징이 많다. 예를 들어 납은 Pb인데, 로마어로 납을 뜻하는 '플럼범(plumbum)'에서 왔고 배관공을 뜻하는 '플럼버(plumber)'의 기원이 됐다. 로마인들이 배관과 하수관을 만드는 데 주로 납을 썼기 때문이다. 금을 뜻하는 Au는 라틴어 '아우룸(aurum)'에서 왔고, 은의 Ag는 '아르겐툼(argentum)', 철의 Fe는 '페룸(ferrum)', 주석의 Sn은 '스탄눔(stannum)', 칼륨의 K는 '칼리움(kalium)'에서 비롯됐다. 수은의 Hg는 그리스어 '히드라르기로스(hydrargyros)'에서 왔다.

물론 직관적으로 알기 쉬운 화학기호도 있다. 예를 들어, H는 수소(Hydrogen)이고, C는 탄소(Carbon)다.

112 기계식 당구대는 큐볼을 어떻게 구분하는 걸까?

먼저 당구대의 포켓[48]에 빠졌던 당구공이 다시 나오는 원리를 살펴보자. 포켓으로 들어간 당구공은 중력에 의해 통로를 굴러가다가 테이

블로 돌려보내는 장치에 이른다. 일반적인 기계식 유료 당구대에서 공은 하나의 홈통에 일렬로 놓이게 된다. 그 위로 아크릴 유리판이 덮여 있는데, 동전을 넣으면 커버가 올라가고 공들을 꺼낼 수 있다. 이제 당구대 위에 공들을 올리면 게임 시작이다!

당구를 치던 사람이 실수로 큐볼[49]을 포켓에 빠뜨리면, 공이 다시 나와야 게임을 진행할 수 있다. 당구대는 두 가지 방법으로 보통 공과 큐볼을 구분한다.

가장 흔한 방법은 다른 크기의 큐볼을 사용하는 거다. 그러면 당구대의 장치는 반지름으로 큐볼을 식별해 나머지 당구공과 분리한다. 더 큰 큐볼은 통로를 지나며 따로 분류돼 당구대 옆 홈통으로 다시 나온다. 직접 재보니 큐볼의 지름은 5.93센티미터지만 다른 공은 5.73센티미터였다. 큐볼이 0.2센티미터 더 큰 셈이다.

다른 방법은 자석 공을 사용하는 것이다. 큐볼의 가운데 자석을 심는 방식이다. 공은 통로를 지나며 편향 장치에 감지되고 다른 공들과 구분돼 다시 출구로 보내진다.

당구와 관련하여 새로운 단어가 생겨나기도 했다. 1800년대 영국에서 당구가 유행하기 시작했을 때, 사람들은 당구대(Pool) 위에 돈을 놓고 내기를 즐겼다. 그래서 영어 단어 '당구장(Poolroom)'이 도박장도 뜻하는 말이 됐다.

---

48 당구대에서 번호가 정해진 공을 차례로 집어넣는 구멍으로, 모두 여섯 개가 있다.
49 당구에서 큐를 이용해 표적으로 삼은 공을 맞추는 흰색 공을 말한다.

존 F. 케네디 묘지의 꺼지지 않는 불은 어떤 원리일까?

케네디 대통령은 1963년 11월 22일 암살됐다. 그의 부인 재클린 케네디는 남편의 묘를 프랑스 파리의 개선문 아래 있는 무명 용사의 묘를 밝히는 추도의 불꽃과 같은 '영원히 꺼지지 않는 불꽃'으로 장식하기를 원했다. 그리고 군 기술자였던 한 대령에게 하루 안에 이 불꽃을 만들라는 명령이 떨어졌다. 그의 부하들이 지역 전파상에서 램프를 찾는 동안, 기술자들은 지하로 금속선을 연결하고 프로판 탱크에서 묘까지 가스선을 끌어왔다.

장례식이 있던 1963년 11월 25일, 케네디 부인이 초를 이용해 불을 붙였다. 그 뒤 이 불꽃은 가톨릭 학교에서 방문해 성수를 뿌릴 때 딱 한 번 꺼졌다. 방문자들은 성수 병의 뚜껑을 열고 불꽃에 성수를 부어 불을 껐지만 즉시 재점화했다. 그리고 다시 1967년 8월, 이례적인 폭우로 불꽃이 꺼졌으나 묘지 관리소에서 다시 켰다.

1967년 3월 14일 케네디의 유품들이 원래 묘지에서 겨우 몇 미터 떨어진 곳에 안치됐다. 이때 새로운 횃불이 만들어져 지하 천연가스관에 연결됐다. 새 불꽃은 150센티미터 크기의 원형 화강암 가운데 자리했다. 불이 꺼지면 전기 스파크가 자동으로 재점화한다.

케네디의 딸은 1956년 8월 23일 태어나자마자 사망했고, 아들은 1963년 8월 7일 미숙아로 태어나 이틀 뒤인 8월 9일 사망했다. 이들은

1963년 12월 4일 이곳에 매장됐다. 재클린 케네디는 1994년 암으로 사망해 남편과 아이들 곁에 안치됐다.

왜 미국 선거는 화요일에 열릴까?

1848년 대통령 선거는 11월 첫 번째 화요일에 시행됐다. 처음으로 미국의 모든 주에서 동시에 시행된 대선 투표였다. 단순하고 거친 사람을 뜻하는 '올드 러프 앤 레디'라는 별명으로 알려진 재커리 테일러는 당시 휘그당 소속으로 출마했다. 40년 동안 군대에서 빛나는 업적을 세웠던 그는 집무실에 노예를 둔 마지막 대통령이 됐다. 테일러는 16개월 동안 재직하다가 자신의 집무실에서 사망했다.

요즘은 선거일이 11월 첫 번째 화요일로 굳어졌지만, 언제나 그랬던 건 아니다. 독립전쟁 전 미국의 유권자들은 투표를 위해 시청 소재지까지 거의 '여행'을 떠나야 했다. 말을 타고 30킬로미터를 이동하는 일도 많아 도로 사정이 선거에 영향을 끼쳤다. 북부 지방에서는 주로 봄과 가을에 선거를 열어 유권자들이 눈 때문에 늦지 않게 했다. 하지만 11월이면 농작물을 모두 거둬들인 때이고, 길도 대체로 건조해 다닐 만했다. 선거는 큰 행사였다. 그날에는 많은 사람이 술을 마시고 흥청댔다. 여관에 빈방이 없어 사람들을 통제하는 것도 문제였다.

1776년 이후에는 투표소가 많아져 유권자들이 먼 거리를 이동하는 일이 줄어들었다. 각 지역에서 투표 날짜와 시간도 따로 정했다. 독립전쟁(1775~1783) 이후 월요일과 화요일이 선거일로 인기를 끌게 됐다.

하지만 월요일 선거는 일요일에 '여행'을 떠나야 가능해 좋지 않았다. 미국인들에게 일요일은 예배를 드리는 날이지 여행을 떠나는 날이 아니었다. 1850년대 중반에 이르자 화요일이 가장 인기가 많아져 법정 선거일로 지정됐다.

그런데 의회는 11월 1일에 선거가 열리는 걸 원하지 않았다. 그날은 만성절[50]로 가톨릭교회의 중요한 날이다. 또 상인들도 대개 매달 1일에 전달의 장부를 작성해야 했다. 그래서 법에 이렇게 명시되었다. 선거는 '11월의 첫째 화요일 또는 첫째 월요일을 지난 화요일에 한다.'

1년 중 11월은 국가나 주, 지역에서 선거를 열기에 좋은 시기로 보인다. 작물은 수확했고, 학교는 학기 중이며, 여름 휴가는 끝났고, 추수 감사절이 몇 주 앞으로 다가온 때다. 그리고 첫눈까지는 조금 먼, 모든 가게가 크리스마스를 위해 준비하는 달이다!

이런 말이 있다. '메인주가 그렇다면, 전국이 그런 거다.' 메인주는 1957년까지 주지사 투표를 9월의 두 번째 월요일에 시행했는데, 11월에 시행하는 대통령 선거에서 항상 주지사 당선자와 같은 당의 출마자가 당선됐다. 그래서 메인주는 나머지 지역의 투표 현황을 짐작할 수

---

50 '모든 성인의 날 대축일(Hallowmas)'이라고도 한다. 우리에게도 잘 알려진 핼러윈(Halloween)데이는 만성절 전야이다.

있는 정치적 지표 역할을 했다.

　최근 선거일을 편한 주말로 옮겨, 더 많은 사람이 투표할 수 있게 해야 한다는 논의가 진행되고 있다. 당연한 얘기지만 선거일은 각 나라마다 다르다. 영국은 화요일에 선거를 열고, 독일은 일요일이나 공휴일에 연다. 호주에서 투표는 토요일에 하고 강제성을 띤다.

115

왜 1마일은 5280피트일까?

　법정 마일을 5280피트로 정한 것은 옛 영국이다. 영국 의회는 1592년과 1593년에 걸쳐 마일을 정의하는 법을 제정했다. 측량을 할 때 단위는 다음과 같다. 1마일은 1760야드이며 8펄롱이다. 1펄롱은 10체인이며 1체인은 4로드다. 1로드는 5.5야드 혹은 16.5피트다(1피트는 30.48센티미터다).

　이렇게 정해진 배경을 설명하려면 엘리자베스 여왕 시대보다 한참 거슬러 올라가야 한다. 아주 오래전 영국은 수 세기 동안 로마의 지배를 받았다. 로마인은 '로마 마일(mille passus)'을 썼는데, 단위당 1000보폭(페이스)을 뜻했다. 1보폭은 두 걸음, 약 5피트와 같았다. 5에 1000을 곱하면 1로마 마일은 5000피트였다.

　서기 410년 로마인들은 로마와 인접한 영토를 지키기 위해 영국을 떠났고, 그 후 영국은 애매한 문제에 빠졌다. 영국은 '펄롱'이라는 자신들의 농업용 단위가 있었다. 이는 말이나 소가 지치지 않고 한 번에 갈 수 있는 '고랑의 거리'를 뜻했다. 계산해 보니 660피트였다. 1마일은 8펄롱이니, 660에 8을 곱하면 1마일은 5280피트가 나온다.

영국은 기존 로마 방식대로 마일을 5000피트로 할지, 자신들의 방식대로 5280피트로 할지 결정하기 위해 고심했다. 당시 재산증서는 펄롱으로 표기된 상태였고, 엘리자베스 여왕이 강하게 주장해 영국 의회는 1마일을 5280피트로 정했다.

요즘 미국은 대양과 대기의 단위로 해리(海里)를 많이 사용한다. 1해리는 6076피트로, 적도상 위도 1도의 60분의 1이다(1852미터). 노트(kn)는 시속 1해리(NM), 즉 한 시간에 1해리를 지나가는 속도를 말한다. 모든 민간 혹은 군용 비행기, 바다의 배는 시간당 마일 대신 노트를 속도의 단위로 쓴다. 둘은 약 15퍼센트의 차이가 있다. 예를 들어, 시속 115마일은 100노트와 같다.

이제 미국은 육상경기에서 미터법을 사용한다. 100미터, 200미터, 400미터, 800미터, 1600미터, 3200미터 경기가 있다. 100미터 달리기는 이전에는 100야드 달리기였다. 400미터와 800미터 달리기는 각각 440야드, 하프 마일 혹은 880야드 달리기였고, 1600미터 달리기 또한 1마일 달리기였다.

116

**전자레인지는
어떻게 음식을 익힐까?**

　전자레인지는 사실 레이더 장치다. 레이더는 제2차 세계대전 전에 미국과 영국에서 개발되어 1940년부터 1941년까지 벌어진 '영국 본토 항공전'에서 본격적으로 활용되었다. 초기 레이더 담당자들은 간혹 당황스러운 상황을 겪었다. 작동 중인 레이더 안테나 앞으로 가면 바지 주머니 속의 초콜릿이 녹아 버렸다. 또 일부 금속 장비에서 작은 불꽃이 튀는 장면도 목격했다.

　전자레인지의 핵심은 마그네트론이라는 주먹 크기의 진공관이다. 마그네트론은 전기로 필라멘트선을 가열해 전자기파를 만들어 내는 장치다. 결과적으로 전자들이 움직여 약 2450메가헤르츠의 파를 방출한다. 극초단파는 눈으로 볼 수 없다는 점만 빼면 가시광선과 비슷하다. 파장의 길이가 약 13센티미터로 눈으로 감지하기엔 너무 길다. 전자레인지에서 이 파장의 빔은 팬에 의해 균일하게 전달된다.

　조리나 가열이 필요한 음식은 대체로 많은 수분을 함유한다. 물 분자는 수소와 산소 원자로 이루어진다. 산소 원자는 약한 음성을 띠고 수소 원자는 약한 양성을 띤다. 물 분자가 극초단파에 부딪히면 앞뒤로 빠르게 흔들린다. 한 방향으로 회전하다가 다른 방향으로 회전하기 시작한다. 이 회전은 초당 수백만 번이나 일어나며, 이 모든 현상은 마찰로 음식을 뜨겁게 한다.

하지만 종이나 유리, 세라믹, 플라스틱으로 만든 접시의 분자에는 수분이 거의 없다. 회전하고 떨려 마찰열을 만들 물 분자가 없다. 전자 레인지 안 접시에 전해지는 열은 대부분 음식이 뜨거워지며 전달된 것이다. 그래서 전자레인지 안의 빈 접시는 많이 뜨거워지지 않는다.

전자레인지의 파장은 음식의 2~2.5센티미터 정도까지 뚫고 들어간다. 이 때문에 전자레인지는 음식을 안에서 밖으로 익힌다는 얘기가 떠돌았다. 사람들은 전자레인지에서 고기를 익히면 겉면이 아직 붉더라도 안은 잘 익었을 수도 있다고 생각했다. 하지만 전도열을 쓰는 일반적인 가스나 전기 오븐처럼 전자레인지도 외부를 먼저 익히고 내부는 나중에 익힌다.

그런데 왜 전자레인지에 금속을 넣으면 안 될까? 금속은 거울처럼 파장을 반사한다. 극초단파는 경찰이 과속 단속을 위해 쓰는 레이더 파와 같다는 걸 기억하자. 이 레이더파는 내 차에 튕겨 다시 경찰 레이더 수신기로 돌아간다(부끄럽게도 내가 과속으로 걸린 적이 있어 확실히 안다). 과잉 에너지는 흘러나와 공기를 이온화한다. 그리고 이것이 실수로 포크를 넣었을 때 작은 번개를 일으킨다! 금속은 전도율이 높은 전도체라, 금속 포크는 공기 중에 들어찬 전하를 방전한다. 뇌운에서 번개가 치는 것과 같은 현상이다. 높은 전기장이 형성되면 금속의 뾰족한 곳에 불꽃이 튀는 모습을 볼 수 있는데, 이때에는 화재가 발생할 위험이 있다. 일부 전자레인지는 금속 쟁반을 함께 주는데, 뾰족한 곳이 없게 만들어 전하가 몰리지 않게 예방한다. 뾰족한 부분이 전하를 방출해 번개를 일으키기 때문이다.

가끔 우리는 금속을 전자레인지에 넣어 돌리기도 한다. 예를 들어, 냉동식품 브랜드 핫포켓츠의 속포장에는 알루미늄 포일, 즉 금속이 들어 있다. 전자레인지는 이 금속 막에 전류가 흐르게 해 그 안의 냉동식품을 데운다. 이 필름은 열복사로 음식 표면을 바삭하게 만들고 속까지 잘 익게 한다.

117 왜 자동차 휠은 가끔 뒤로 구르는 것처럼 보일까?

이는 '마차바퀴 현상' 또는 스트로보 효과라 불리고, 옛 서부 영화에서 자주 볼 수 있는 착시현상이다. 마차가 빨리 달릴 때 바큇살은 반대 방향으로 구르는 것처럼 보이다가, 속도를 조금 줄이면 다시 원래 방향으로 구르는 것처럼 보인다. 비행기 프로펠러나 헬리콥터 로터, 마차의 바큇살을 본따 만든 자동차의 와이어 스포크 타이어 등의 영상에서도 이런 현상이 자주 보인다.

우리는 이 착시를 영화에서 가장 흔히 보는데 카메라의 촬영 간격이 그 원인이다. 일반 영화용 카메라는 1초에 24프레임을 찍는다. 그런데 이것이 우리가 영화를 볼 때 시각 정보를 제한한다.

바큇살이 하나인 가상의 바퀴가 시계 방향으로 구르는데, 이것을 초당 24프레임의 영화용 카메라로 촬영한다고 생각해 보자. 바퀴가 1초에 24바퀴를 회전하면 카메라는 바큇살이 12시 방향에 있을 때만 촬영하게 된다. 우리가 이 장면을 영화로 보면, 바큇살이 12시로 향한 장면밖에 없으니 정지한 화면이라고 생각하게 된다. 바퀴를 살짝 천천히 굴리면 바큇살은 첫 프레임에서 한 바퀴를 미처 못 굴러, 11시를 가리키고 다음 프레임에서는 10시를 가리키게 된다.

이때 사실 바퀴는 시계 방향으로 돌지만, 반시계 방향으로 도는 것처럼 보인다. 반대로 카메라 셔터가 깜빡일 때마다 한 바퀴를 약간 더 도는 바퀴를 촬영하면, 첫 프레임에서 1시, 다음 프레임에서는 2시를 가리키게 된다. 그리고 영화에서는 바퀴가 시계 방향으로 돌지만 실제 속도보다 훨씬 느리게 표현된다. 물론, 실제 바퀴는 바큇살이 더 많긴 하다. 어쨌든 우리가 영화를 보며 느끼는 바큇살의 방향과 회전 속도는 카메라의 셔터 속도와 사진을 찍는 순간 바큇살의 위치에 달려 있다.

여기에서는 가장 간단한 설명으로 살펴봤지만, 연구자들은 이런 현상을 훨씬 다양한 관점에서 정확하게 설명한다. 사실 마차바퀴 현상은 '베타운동', '스하우텐 가설', '시간적 에일리어싱 효과'[51] 같은 어려운 용어로 기술적 측면을 설명해야 하는 상당히 복잡한 현상이다.

---

51 베타운동(β-movement)은 정지된 이미지들을 짧은 간격으로 제시하면 움직이는 듯 보이는 착시현상으로, 애니메이션의 원리와 같다. 스하우텐 가설(Schouten's theory)은 마차바퀴 현상과 관련하여 움직이는 이미지의 처리를 설명한 이론이다. 일시적 에일리어싱 (temporal aliasing)은 컴퓨터 그래픽에서 이미지의 해상도가 낮아 곡선이나 원, 선 등이 매끄럽지 않고 톱니 모양이나 계단 모양처럼 나타나는 현상을 말한다.

닭이 먼저일까, 달걀이 먼저일까?

모든 시대를 거쳐 논쟁을 벌여 온 문제다. 아리스토텔레스(기원전 384~기원전 322)와 플루타르크(서기 약 46~120)가 살던 고대부터 딜레마를 안긴 질문이다. 아리스토텔레스는 닭과 달걀은 언제나 모두 존재했다고 간단히 답했다. 아리스토텔레스와 플라톤은 지구에 있는 모든 것이 먼저 영혼으로 존재한다고 믿었다.

과학자와 철학자 등은 이 상황을 참조하는 대상이 서로 맞물려 참조할 수 없게 되는 상황, 답을 계산하려면 먼저 그 답이 뭔지 알아야 하는 모순된 상황으로 정의했다.

유명한 천체 물리학자이자 알버트 아인슈타인의 후계자로 자주 언급되는 스티븐 호킹은 닭보다 달걀이 먼저라고 주장했다. 열정적인 사상가이기도 한 호킹은 '우주 인지 이론 모델'을 발전시킨 크리스토퍼 랭건을 지지한다. 호킹과 랭건은 둘 다 IQ가 200에 가깝다고 알려져 있다. 랭건은 저서《아는 것의 기술(The Art of Knowing)》에서 닭과 달걀의 문제를 언급했다.

성경을 글자 그대로 해석하면 달걀보다 닭이 먼저다. 창세기에 이런 구절이 있다. "하나님께서 축복하며 말씀하시매, 열매가 있으라, 바다에 물을 채우라, 그리고 땅 위에 새가 있으라."

힌두교와 불교에서 시간은 바퀴처럼 돌고 도는 것으로, 영원의 개념에서 보면 '먼저' 나타난 것이 없다고 말한다. 시간은 순환한다. 창조가 없으니, 달걀도 닭도 먼저 난 것은 없다.

다른 주장도 있다. 닭은 닭이 아닌 종에서 DNA의 돌연변이로 나타났다는 것이다. 이들의 설명에 따르면 최초의 닭은 닭이 아닌 다른 종에서 나왔다. DNA의 변화는 난자(egg) 속 세포에서 시작됐고, 그러니 달걀(egg)이 먼저다.

2010년 7월 영국의 과학자들은 슈퍼컴퓨터를 이용해 가장 정확한 최종 답안을 도출했다고 주장했다. 이들은 닭의 몸속에서 달걀껍데기의 형성 속도를 높이는 역할을 하는 오보클레딘-17이라는 단백질을 찾아냈다. 닭은 이 단백질로 24시간 만에 달걀을 만들어 낳을 준비를 마친다. 달걀은 닭이 없으면 생기지 않는다는 말이다. 그래서 결론은, 닭이 먼저라는 거다.

나도 일단은 이 답을 믿어 보겠다!

119 자동차와 벽의 충돌, 자동차와 자동차의 충돌 중 피해가 큰 쪽은?

자동차를 타고 100킬로미터의 속도로 벽에 부딪히는 게 충격이 클까, 아니면 100킬로미터로 달리다가 맞은편에서 100킬로미터로 달려오는 차에 부딪히는 게 충격이 클까? 좀 이상하게 들리겠지만 답은 '똑

같다'다. 언뜻 생각하면, 서로를 향해 달리던 차의 충돌이 훨씬 더 피해가 클 것으로 보인다. 하지만 일단 내가 탄 자동차만 생각해 보자.

자동차는 모든 운동에너지를 충돌에 쓴 다음 소리 에너지와 열에너지로 전환하며 멈춘다. 벽에 부딪히든 달려오는 차에 부딪히든 상관없다. 나를 향해 돌진하는 차도 내가 탄 차와 부딪히면 멈춘다. 각각의 자동차는 자체의 운동에너지를 모두 멈추는 데 사용하기 때문에 서로에게서 운동에너지를 얻지 못한다.

이 현상을 이해하는 데 유용한 간단한 실험이 있다. 천장에 연결한 고무줄에 공을 매달고 벽에 튕겨 보자. 부딪힌 공은 탄성에 따라 일정 거리를 튕겨 나온다. 그다음 똑같은 공을 하나 더 준비해 두 개의 공이 같은 속도로 날아와 서로 부딪히게 해 보라. 공은 처음 벽에 부딪혔을 때와 똑같은 거리만큼 튕겨 나올 것이다. 물론 이 결과는 공과 벽을 유사한 소재로 만들어야 성립한다.

이 실험은 진짜 자동차보다는 그냥 공 두 개로 하는 게 안전하다!

120 지구 반대편으로 구멍을 뚫고 들어가면 무슨 일이 일어날까?

지구 반대편으로 구멍을 뚫으면 거리가 약 1만 2800킬로미터에 이른다. 그리고 구멍 안의 공기를 모두 빼내야 뛰어내렸을 때 공기저항을 받지 않고 지나갈 수 있다.

이때 중력이 없는 지구의 중심으로 떨어지며 계속 속도를 얻는다고 가정해 보자. 속도는 무려 시속 2만 8968킬로미터에 달한다. 가속도가 당신을 지구 반대편으로 가게 하지만, 지구 중심을 지나면 반대편으로 나갈 때까지 속도가 점점 줄어든다. 이 편도 여행은 총 45분이 걸린다.

반대편에서 멈추지 않으면, 다시 구멍으로 떨어져 당신은 지구 중심에 도달할 때까지 속도가 점점 빨라진다. 그런 뒤에는 처음 출발한 장소로 향하며 처음과 같이 속도가 줄어 45분 만에 도착한다. 왕복에 총 90분이 걸린다.

이는 구멍에 공기저항이 없고, 지구의 액체 핵에 사람이 불타지 않는 상황을 전제한다. 이 상태라면 당신은 이쪽 끝에서 저쪽 끝까지 계속 왕복하게 된다. 시계추처럼 단진동 운동을 하게 되는 것이다.

하지만 지구를 통과하는 구멍을 만들기란 지금 인류의 기술로는 불가능하다. 지각을 약 50킬로미터 정도 뚫고 나면, 맨틀을 2900킬로미터 더 뚫어야 한다. 액체 철 상태인 외핵은 온도가 약 5500도에 달하고, 내핵은 단단한 금속 형태다.[52]

땅을 가장 깊게 판 장소는 러시아의 콜라반도에 있는데, 노르웨이 국경 근처에 위치한 약 1만 2192미터 깊이 구멍이다. 중동의 카타르와

---

52 지구 내부의 핵 중에서 고체 부분으로 5100킬로미터에서 약 6400킬로미터까지의 지구 중심 부분을 말한다. 높은 압력 때문에 고온에도 고체 상태를 유지할 것으로 추측된다.

미국의 오클라호마에도 비슷한 깊이의 구멍이 있다. 러시아의 구멍은 지각을 더 잘 이해하기 위한 일련의 과학적 실험이었으나, 카타르와 오클라호마는 석유가 목적이었다. 이 천공은 깊이가 1만 2000미터나 되지만, 지구 반대편으로 가려면 1만 2000킬로미터를 더 뚫어야 한다.

121 주 고속도로 속도 제한이 시속 105킬로미터인 이유는 뭘까?

속도 제한을 시속 105킬로미터로 하는 데는 몇 가지 이유가 있다. 첫째, 속도는 위험하다. 사고로 일어나는 피해, 부상, 죽음은 운동에너지에 비례하고, 운동에너지는 속도의 제곱에 비례한다. 즉 시속 100킬로미터에서 난 사고의 피해는 50킬로미터의 두 배가 아니라 제곱, 곧 네 배로 커진다. 시속 150킬로미터에서 사고가 나면 시속 50킬로미터의 세제곱, 즉 아홉 배로 피해를 입는다. 사람들이 목적지에 빠르게 도착할 수 있도록 하면서 동시에 기하급수적으로 늘어나는 사고의 위험도 줄일 수 있는 적정 속도는 시속 105킬로미터 정도다.

둘째, 속도가 빨라질수록 제동 거리도 늘어나는데, 비례해서 늘지 않는다. 다시 말하면, 속도가 두 배로 늘면 제동 거리는 두 배 이상으로 늘어난다. 총 제동 거리는 반응 거리와 브레이크 거리를 합친 거리다.

운전자가 위험을 감지하기까지 약간의 시간이 걸리고, 브레이크를 밟기까지 또 약간의 시간이 걸린다. 물론 브레이크를 밟은 뒤 차가 멈추기까지도 시간이 걸린다. 차가 시속 약 50킬로미터로 달릴 때 제동 거리는 23미터 정도다. 속도를 두 배로 늘려 100킬로미터가 되면, 제동 거리는 72미터 정도로 늘어난다. 세 배가 넘는 거리다.

셋째, 연비는 낮은 속도에서 더 효율적이다. 공기의 저항이 속도의 제곱에 따라 달라지기 때문이다. 연비는 시속 약 90킬로미터에서 눈에 띄게 좋아진다. 1970년대 중반 OPEC 석유파동 당시 휘발유 가격이 치솟아 정부가 속도 제한을 시속 90킬로미터로 낮췄다. 그러자 연비가 좋아졌을 뿐만 아니라 고속도로 사망률도 줄어들었다.

미국 북부 고속도로의 제한속도는 시속 105킬로미터다. 남부의 제한속도는 대개 시속 112킬로미터고, 서부 주들은 대부분 시속 120킬로미터다. 하지만 유타주는 시속 130킬로미터, 텍사스주는 시속 135킬로미터나 된다.

122 종이는 어떻게 만들까?

종이와 인쇄는 인류 최고의 발명품 열 개를 꼽을 때 항상 포함된다. 물론 여기에는 증기기관, 시계, 항생제, 자동차, 전구, 레이저, 원자력 등 다른 것도 많이 있다. 하지만 종이는 말 그대로 언제나 들어간다.

종이의 발명가는 중국 후한의 환관 채륜이다. 그는 오디나무 껍질과 넝마, 대나무의 섬유를 물에 넣고 두드려 혼합물로 만든 뒤, 반듯한 천 위에 부었다. 그런 뒤 물이 빠지고 나면 그 위에 남은 나무 섬유로 얇은 종이를 만들었다. 채륜은 황제에게 당시 글을 쓰기 위해 사용하던 값비싼 비단의 대체재로 종이를 제시했다. 서기 105년의 일이지만 현대의 제지산업도 채륜의 방식을 기초로 한다.

최초의 '종이류'는 기원전 2600년 무렵 나왔다. 이집트인들은 파피루스 줄기를 갈라 물에 적신 뒤 격자로 평평하게 깔고 망치로 두드려 펴 말렸다. 종이를 뜻하는 영어 단어 페이퍼(paper)는 파피루스(papyrus)에서 왔다.

독일의 인쇄업자 요하네스 구텐베르크는 1450년 무렵 종이의 수요가 치솟자 서양 최초로 금속활자 인쇄술을 개발했다.[53] 그 후 거의 모든 사람이 적은 돈으로 문맹에서 벗어나고, 교육을 받고, 책을 소유하고, 서고를 가질 수 있게 됐다.

요즘은 종이를 만드는 데 성장이 빠른 전나무나 소나무, 일부 활엽수를 쓴다. 목재를 분쇄해 물과 섞고 가열한 뒤 정제하여, 용도에 따라 표백을 하고 압축해 종이로 만든다. 표백하지 않은 종이는 식료품점에서 포장용으로 쓰기도 한다.

---

53 최초의 금속활자 인쇄술은 14세기 고려시대에 발명되었다. 1377년에 제작된《직지심체요절》의 금속활자본은 금속활자로 만든 최초의 책이다.

혹자는 전자기기의 발달로 책이나 신문, 잡지 등의 인쇄가 줄어들 것이라 말한다. 어떤 맥락에서는 맞는 말이다. 하지만 《USA 투데이(USA Today)》는 아직도 200만 부 이상 팔리며, 수많은 사람이 인쇄된 종이책을 구매한다. 그리고 전자책은 아직 종이책의 느낌을 따라오지 못한다.

123 왜 맨홀 뚜껑은 둥글까?

마이크로소프트사의 면접시험에 출제된 뒤 유명해진 문제다. 이 문제는 정확한 대답을 얻기보다는 지원자의 심리 상태나 침착성, 스스로 생각하는 능력을 평가하기 위해 출제됐다.

모든 맨홀의 입구에는 돌출된 부분이 설치되어 뚜껑을 받치고 있다. 즉 뚜껑이 입구보다 크기 때문에 둥근 맨홀 뚜껑은 둥근 입구 안으로 떨어지지 않는다. 하지만 정사각형이나 직사각형의 맨홀 뚜껑은 비스듬히 세워서 돌리면 네모난 구멍 안으로 빠질 수 있다. 정사각형이나 직사각형은 한 변의 길이보다 대각선 길이가 길어 가능하다.

다른 이유도 있다. 맨홀 뚜껑이 둥근 것은 맨홀이 둥글기 때문이다. 그리고 맨홀이 둥근 것은 원이 주변 땅의 압력을 가장 잘 버틸 수 있는 모양이기 때문이다.

게다가 둥근 모양은 금속을 매우 효율적으로 사용하는 형태다. 둥근 주형은 정사각형이나 직사각형과 비교해 만들기 쉽다. 또 맨홀 뚜껑은 대개 20킬로그램이 넘어 무거운 편인데, 둥글게 만들면 입구까지 굴려서 쉽게 이동시킬 수 있다. 마지막으로 둥근 맨홀을 뚜껑으로 덮을 때는, 굳이 모서리를 맞추지 않아도 된다.

맨홀 뚜껑은 기원전부터 사용했다. 고대 로마인들은 석회암으로 네모난 하수구 뚜껑을 만들어 사용했다. 오늘날 맨홀 뚜껑은 그 위로 차가 지나가도 문제없을 정도로 상당히 무겁다. 하지만 예외적인 상황도 있다. 차체가 낮은 경주용 차량은 맨홀 위에 진공을 일으켜 뚜껑을 뒤집는다. 베르누이 법칙에 따라 빠른 공기의 흐름이 뚜껑 위위 압력을 낮추면, 아래쪽의 높은 압력이 양력을 일으킨다. 1990년 몬트리올에서 열린 월드 스포츠카 챔피언십 경기에서 실제로 이런 일이 있었다. 포르쉐 한 대가 지날 때 맨홀 뚜껑이 솟아올랐다가 뒤에 오던 다른 포르쉐와 충돌했다. 사고 차량에 화재가 발생했고, 경기는 중단됐다.

124 과학이란 정확히 뭘까?

영어로 과학(Science)이라는 말은 라틴어로 지식을 뜻하는 '스시엔티아(scientia)'에서 왔으며, '연구를 통해 알아낸 지식'이라는 뜻으로 정의

된다. 과학은 우리를 둘러싼 세상을 연구한다. 과학은 내가 사는 세상과 물체가 어떻게 작동하는지, 생명체는 어떻게 형성되는지, 하나의 동작이 어떤 결과를 초래하는지 설명해 준다. 과학은 음악, 예술, 문학처럼 인간이 삶에서 기본적으로 추구하는 것 중 하나다.

아리스토텔레스 시대에 과학은 철학과 연관돼 있어 두 단어를 혼용해 쓰기도 했다. 아이작 뉴턴(1642~1727) 시대의 과학은 철학의 한 갈래로, 자연철학을 의미했다.

과학은 크게 자연과학과 사회과학으로 나뉜다. 이 책에서는 자연과학에 초점을 맞춰 질문에 대답해 왔다. 생물학은 살아 있는 것들을 연구한다. 물리학은 물질과 에너지, 힘, 운동, 질량 등 세상이 어떻게 작동하는지 설명한다. 화학은 우주가 어떻게 구성돼 있는지 원자, 원소, 분자, 모든 화학물질의 상호작용으로 말해 준다. 지구과학은 기후, 날씨, 지리, 천문, 해양학, 지리학을 아우른다.

사람들은 자연과학 연구를 통해 우리의 행성 지구와 나아가 우주를 더 많이 이해한다. 예를 들어, 대기의 기능을 알면 온난화 현상을 설명할 수 있다. 세포와 장기, 생명의 관계 등 우리의 신체가 어떻게 작동하는지 알면, 백신을 만들고 질병을 치료해 생명을 연장할 수 있다. 인터넷이 어떻게 작동하는지 알면, 무한한 정보에 접속할 길이 열린다. 이 주요 연구 주제들은 각각의 과학 분야의 핵심이 된다. 구글에서 '과학 분야 목록'을 검색하면(http://phrontistery.info/sciences.html), 633가지의 분야가 나온다. 여기에는 응애학(진드기학)에서 양조학(알코올 음료의 제조 연구)까지 다양한 분야가 수록돼 있다.

우리를 둘러싼 모든 건 과학 및 과학적 탐구 과정으로 다룰 수 있다. 우리는 실험하고 조사하고, 과학적 방법에 따라 삶의 메커니즘을 발견한다. 과학적 사고는 관찰로 시작해 가설로 옮아가, 이론으로 마무리된다. 이론은 가설을 뒷받침할 만한 반복된 실험 결과가 있어야 하며, 논란을 일으킬 증거가 없어야 성립된다.

과학은 어떤 대상을 이해하기 위한 논리적이고 비판적인 사고를 배양한다. 과학은 우리에게 삶을 더 좋게, 쉽게, 길게 만든다. 과학은 삶을 더 즐겁고 기쁘게 만들고, 건축, 운항, 교통, 농업, 의약을 통해 세상을 더 안전하게 만든다. 물론 과학에는 어두운 면도 있다. 인류는 눈 깜짝할 사이에 수많은 사람을 죽이고 파괴할 수 있는 무기를 개발해 왔다. 우리를 서로 조화롭게 만드는 지식이 서로 파괴하는 지식보다 뒤처져 있는 듯이 보일 때도 있다.

텔레비전이나 인터넷, 신문, 잡지 그리고 정치인과 정부 지도자 등은 많은 잘못된 정보를 제공하지만, 과학은 우리가 거짓에 속지 않게 한다. 일상생활에서도 마찬가지다. 과학은 광고 속 과장을 걸러 내게 해 주고, 그 외에도 우리가 거짓, 함정, 속임수를 찾아내 속지 않게 해 준다.

무엇보다 과학은 정말 재미있다. 과학은 별나고, 신기하며, 신나고 또 만족감을 준다. 과학은 문학, 예술, 음악, 종교를 보완해 준다. 종교는 우리가 증명할 수 없는 일을 믿게 하지만, 과학은 믿기 어려운 걸 증명해 준다.

감사의 말

이 책을 낼 수 있게 도와준 많은 사람에게 감사의 말을 전한다. 아내 앤은 조사 및 집필에 많은 시간이 들어 가족과 보낼 시간도 아껴야 했던 나에게 너무나 큰 도움과 용기를 주었다. 내 세 형제와 다섯 자매에게 똑같이 감사의 말을 전한다.

질문을 보내 준 다양한 연령대의 여러 독자에게도 감사드린다. 질문을 전달해 준 이들의 대부분은 학생들의 선생님들이었다. 학생들의 질문을 공유하는 수고를 아끼지 않은 선생님들, 특히 록 셔터 선생님에게 감사드린다.

나의 질문과 대답을 읽고 도움을 준 많은 선생님과 친구에게도 고마움을 표하고 싶다. 의사인 스캇 니콜, 앨런 콘웨이, 로드 에릭슨, 릭 에드먼은 의학 분야의 조언을 해 주었다. UW 밀워키의 공학 강사들도 훌륭한 조언을 해 주었다.

위스콘신주 토마고등학교에서 내 과학 수업을 신청한 4000명의 학생들에게 깊은 감사의 말을 전한다. 여러분의 물리 수업을 1년 혹은 2년간 책임진 것은 내게 큰 영광이었다. 40년 가까운 교직 생활 동안 많은 추억을 쌓을 수 있었다.

오랜 시간 조사와 사실 확인을 통해, 이 책의 정확도를 높여 준 에 이미 패스와 멋진 그림과 일러스트를 그려 준 카렌 지안그레코와 루스 머레이에게도 감사드린다.

마지막으로 더 익스피어리먼트의 발행인이자 대표인 매튜 로어와 그의 팀에 고마운 마음을 전하고 싶다. 특히 이 책의 편집인 니콜라스 치젝은 훌륭한 조언뿐 아니라 새로운 시도를 할 수 있는 힘을 주었다. 이 책은 이들이 있었기에 세상에 나올 수 있었다.

실은 나도 과학이 알고 싶었어 2

초판 1쇄 발행 2019년 3월 11일
초판 3쇄 발행 2021년 3월 25일

지은이 래리 세켈
옮긴이 신용우
펴낸이 이범상
펴낸곳 (주)비전비엔피 · 애플북스

기획 편집 이경원 현민경 차재호 김승희 김연희 고연경 최유진 황서연 김태은 박승연
디자인 최원영 이상재 한우리
마케팅 이성호 최은석 전상미
전자책 김성화 김희정 이병준
관리 이다정

주소 우) 04034 서울특별시 마포구 잔다리로7길 12 (서교동)
전화 02) 338-2411 | **팩스** 02) 338-2413
홈페이지 www.visionbp.co.kr
인스타그램 www.instagram.com/visioncorea
포스트 post.naver.com/visioncorea
이메일 visioncorea@naver.com
원고투고 editor@visionbp.co.kr

등록번호 제313-2007-000012호

ISBN 979-11-86639-99-3 04400
         979-11-86639-97-9 04400 (세트)

• 값은 뒤표지에 있습니다.
• 잘못된 책은 구입하신 서점에서 바꿔드립니다.

이 도서의 국립중앙도서관 출판예정도서목록(CIP)은 서지정보유통지원시스템 홈페이지(http://seoji.nl.go.kr)와
국가자료공동목록시스템(http://www.nl.go.kr/kolisnet)에서 이용하실 수 있습니다.(CIP제어번호: CIP2019003306)